建筑工程施工工艺标准

电梯工程施工工艺标准

(ZJQ00—SG—004—2003)

中国建筑工程总公司

中国建筑工业出版社

图书在版编目(CIP)数据

电梯工程施工工艺标准/中国建筑工程总公司编.—北京：中国建筑工业出版社,2003
(建筑工程施工工艺标准)
ISBN 7-112-05881-3

Ⅰ.电… Ⅱ.中… Ⅲ.电梯—安装—标准—中国
Ⅳ.TU857-65

中国版本图书馆 CIP 数据核字(2003)第 046359 号

建筑工程施工工艺标准
电梯工程施工工艺标准
中国建筑工程总公司

*

中国建筑工业出版社出版、发行(北京西郊百万庄)
新 华 书 店 经 销
煤炭工业出版社印刷厂印刷

*

开本:850×1168 毫米 1/32 印张:7⅜ 字数:198 千字
2003 年 9 月第一版 2003 年 9 月第一次印刷
印数:1—20000 册 定价:**14.00** 元
ISBN 7-112-05881-3
TU·5168(11520)

版权所有 翻印必究
如有印装质量问题,可寄本社退换
(邮政编码 100037)
本社网址:http://www.china-abp.com.cn
网上书店:http://www.china-building.com.cn

本书为中国建筑工程总公司《建筑工程施工工艺标准》之一。

全书包括三个施工工艺标准：曳引式电梯安装施工工艺，液压式电梯安装施工工艺，自动扶梯、自动人行道安装施工工艺标准。书中依据国家颁布的最新标准规范，对电梯安装施工的工艺流程和质量检控标准作了详细的介绍，用于指导电梯安装的施工作业。

本书可供广大电梯安装技术、管理人员及大中专院校相关专业师生学习参考。

* * *

责任编辑：刘江
责任设计：孙梅
责任校对：张虹

《建筑工程施工工艺标准》编写委员会

主　　任：郭爱华
副 主 任：毛志兵
委　　员：(以姓氏笔画顺序)
　　　　　邓明胜　史如明　朱华强　李　健　吴之昕
　　　　　肖绪文　张　琨　柴效增　虢明跃
策　　划：毛志兵　张晶波
编　　辑：欧亚明　宋中南　刘若冰　刘宝山
顾　　问：孙振声　王　萍
特邀专家：卫　明

《电梯工程施工工艺标准》
编写人员名单

主　编：柴效增
副主编：王建锁　朱华强
审　定：陈化平　王景明

序

一个企业的管理水平和技术优势是关系其发展的关键因素，而企业技术标准在提升管理水平和技术优势的过程中起着相当重要的作用，它是保证工程质量和安全的工具，实现科学管理的保证，促进技术进步的载体，提高企业经济效益和社会效益的手段。

在西方发达国家，企业技术标准一直作为衡量企业技术水平和管理水平的重要指标。中国建筑工程总公司作为中国建筑行业的排头兵，长期以来一直非常重视企业技术标准的建设，将其作为企业生存和发展的重要基础工作和科技创新的重点之一。经过多年努力，取得了可喜的成绩，形成了一大批企业技术标准，促进企业生产的科学化、标准化、规范化。中建总公司企业技术标准已成为"中国建筑"独特的核心竞争力。

中国加入WTO后，随着我国市场经济体制的不断完善，企业技术标准体系在市场竞争中将会发挥越来越重要的作用。面对建筑竞争日趋激烈的市场环境，我们顺应全球经济、技术一体化的发展趋势，及时调整了各项发展战略。遵循"商业化、集团化、科学化"的发展思路，在企业技术标准建设层面上，我们响应国家工程建设标准化改革号召，适时建立了集团公司自己的技术标准体系，加速推进企业的技术标准建设。通过技术标准建设的实施，使企业实现"低成本竞争，高品质管理"，提升整个集团项目管理水平，保障企业取得了跨越式发展，为我们实现"一最两跨"（将中建总公司建设成为最具国际竞争力的中国建筑集团；在2010年前，全球经营跨入世界500强、海外经营跨入国际著名承包商前10名）的奋斗目标提供了良好的技术支撑。

企业技术标准是企业发展的源泉,我们要在新的市场格局下,抓住契机,坚持不懈地开展企业技术标准化建设,加速建立以技术标准体系为主体、管理标准体系和工作标准体系为支撑的三大完善的标准体系,争取更高质量的发展。

《建筑工程施工工艺标准》是中建总公司集团内一大批经验丰富的科技工作者,集合中建系统整体资源,本着对中建企业、对中国建筑业极大负责的态度,精心编制而成的。在此,我谨代表中建总公司和技术标准化委员会,对这些执著奉献的中建人,致以诚挚的谢意。

该标准是中建总公司的一笔宝贵财富,希望通过该标准的出版,能为中国建筑企业技术标准建设和全行业的发展,起到积极的推进作用。

中国建筑工程总公司副总裁　　郭爱华
技术标准化委员会主任

前　言

　　我国自 2002 年 3 月 1 日起进行施工技术标准化改革，出台了《建筑工程施工质量验收统一标准》和 13 项分部工程施工质量验收规范，实行建筑法规与技术标准相结合的体制。改革后，在新版系列规范中删除了原规范中关于"施工工艺和技术"的有关内容，施工工艺规范被定位为企业内控的标准。这一改革使各建筑企业均把企业技术标准的建设放在了企业发展的重要位置。企业的技术标准已成为其进入市场参与竞争的通行证。

　　中国建筑工程总公司历来十分注重企业技术标准的建设，将企业技术标准作为关系企业发展的重要基础工作来抓。2002 年下半年又专门组织成立了企业技术标准化委员会，负责我集团技术标准的批准发布，为企业技术标准化建设提供了组织保障。去年下半年正式启动了企业技术标准的编制工作，制定并下发了企业技术标准规划方案，搭建了企业技术标准建设的基本框架，在统一中建系统企业技术标准模板上，出台了中建总公司技术标准编制细则和统一编制模板，按技术标准的不同种类规定出了编制方法，充分体现中建系统的技术优势和特色。

　　此次出版的系列标准是我们所编制的众多企业技术标准中的一类，也是其中应用最为普遍的常规施工工艺标准。该标准由中建总公司科技开发部负责统一策划组织，集团内中建一至八局、中建国际建设公司，以及其他专业公司等多家单位参与了编制工作，是我集团多年施工过程中宝贵经验的整合、总结和升华，体现了中建特色和技术优势。

　　本标准是根据施工质量验收规范量身定做的系列标准，包括混凝土、建筑装饰、钢结构、建筑屋面、防水、地基基础、砌体工程、地面工程、建筑电气、给排水及采暖、通风空调、电梯工程共12项施工工艺标准分册。具有如下特点：1.全书全线贯穿了建设部"验评分离、强化验收、完善手段、过程控制"的十六字方针；2.以国家新版14项验收规范量身定做，符合国家施工验收规范要求；3.融入了国家工程建设强制性条文的内容，对施工指导更具实时性；4.在标准中考虑了施工环境的南北差异，适合于中国各地企业；5.加入了环保及控制环境污染的措施，符合建筑业发展需要；6.通过大量的数据、文字以及图表形式对工艺流程进行了详尽描述，具有很强的现场指导性；7.在对施工技术进行指导的过程融入了管理的成分，更有利于推进项目整体管理水平。

本标准可以作为企业生产操作的技术依据和内部验收标准；项目工程施工方案、技术交底的蓝本；编制投标方案和签定合同的技术依据；技术进步、技术积累的载体。

在本标准编制的过程中，得到了建设部有关领导的大力支持，为我们提出了很多宝贵意见。许多专家也对该标准进行了精心的审定。在此，对以上领导、专家以及编辑、出版人员所付出的辛勤劳动，表示衷心的感谢。

编者

编写说明

为了提高企业内部管理,规范电梯安装施工工艺,促进电梯施工技术水平的不断提高,根据国家有关规范、标准的有关规定,参阅有关电梯技术的资料,结合本企业内部的施工特点,编写本书,以指导企业内部电梯安装的施工作业,施工中若与产品的结构不符之处应严格按照产品安装说明书进行。本书有不妥之处请批评指正。

目 录

一、曳引式电梯安装施工工艺标准

1 总则 ……………………………………………………… 1
  1.1 适用范围 …………………………………………… 1
  1.2 主要参考标准及规范 ……………………………… 1
2 术语、符号 ……………………………………………… 2
  2.1 术语 ………………………………………………… 2
  2.2 符号 ………………………………………………… 3
3 基本规定 ………………………………………………… 3
  3.1 现场质量管理制度 ………………………………… 3
  3.2 电梯安装工程施工质量控制制度 ………………… 3
  3.3 报请当地政府质量监督验收部门前电梯安装工程
      应具备的条件 ……………………………………… 4
4 施工准备 ………………………………………………… 4
  4.1 技术准备 …………………………………………… 4
  4.2 材料准备 …………………………………………… 5
  4.3 主要机具 …………………………………………… 5
  4.4 作业条件 …………………………………………… 5
5 材料和质量要求 ………………………………………… 6
  5.1 材料的关键要求 …………………………………… 6
  5.2 技术关键要求 ……………………………………… 7
  5.3 质量关键要求 ……………………………………… 7
  5.4 职业健康安全关键要求 …………………………… 7
  5.5 环境关键要求 ……………………………………… 8

6 施工工艺 ... 8
6.1 施工工艺流程图 ... 8
6.2 样板架安装、挂基准线 ... 8
6.3 导轨架及导轨安装工艺 ... 16
6.4 机房机械设备安装工艺 ... 26
6.5 对重安装工艺 ... 38
6.6 轿厢安装工艺 ... 43
6.7 层门安装工艺 ... 52
6.8 井道机械设备安装工艺 ... 59
6.9 钢丝绳安装工艺 ... 67
6.10 电气装置安装工艺 ... 73
6.11 整机调试工艺 ... 88

7 质量标准 ... 98
7.1 主控项目 ... 98
7.2 一般项目 ... 102

8 成品保护 ... 111

9 安全环保措施 ... 114
9.1 一般规定 ... 114
9.2 井道内施工 ... 114
9.3 现场搬运 ... 115
9.4 设备使用 ... 115
9.5 设备吊装 ... 115
9.6 机械部件安装 ... 115
9.7 电气设备安装 ... 116
9.8 调试 ... 116
9.9 环保 ... 116

附表 ... 117

二、液压式电梯安装施工工艺标准

1 总则 ... 138

1.1	适用范围	138
1.2	主要参考标准及规范	138
2	术语、符号	139
2.1	术语	139
2.2	符号	140
3	基本规定	140
4	施工准备	140
5	材料和质量要求	140
5.1	材料的关键要求	140
5.2	技术关键要求	140
5.3	质量关键要求	140
5.4	职业健康安全关键要求	141
5.5	环境关键要求	141
6	施工工艺	141
6.1	施工工艺流程图	141
6.2	样板架安装、挂基准线	141
6.3	导轨架及导轨安装工艺	141
6.4	液压系统安装工艺	141
6.5	平衡重安装工艺	149
6.6	轿厢安装工艺	149
6.7	层门安装工艺	149
6.8	井道机械设备安装工艺	149
6.9	钢丝绳安装工艺	149
6.10	电气装置安装工艺	149
6.11	调整试验、试运行	149
7	质量标准	159
7.1	主控项目	159
7.2	一般项目	159
8	成品保护	160
9	安全环保措施	160

附表 ·· 160

三、自动扶梯、自动人行道安装施工工艺标准

1 总则 ·· 162
　1.1 适用范围 ·· 162
　1.2 主要参考标准及规范 ·· 162
2 术语、符号 ·· 162
　2.1 术语 ··· 162
　2.2 符号 ··· 163
3 基本规定 ·· 163
　3.1 现场质量管理制度 ··· 163
　3.2 扶梯安装工程施工质量控制制度 ························ 164
　3.3 报请当地政府质量监督验收部门前,扶梯安装工程
　　　应具备的条件 ·· 164
4 施工准备 ·· 165
　4.1 技术准备 ·· 165
　4.2 材料准备 ·· 165
　4.3 主要机具 ·· 166
　4.4 作业条件 ·· 166
5 材料和质量要求 ··· 166
　5.1 材料的关键要求 ··· 166
　5.2 技术关键要求 ·· 167
　5.3 质量关键要求 ·· 167
　5.4 职业健康安全关键要求 ···································· 167
　5.5 环境关键要求 ·· 167
6 施工工艺 ·· 168
　6.1 施工工艺流程图 ··· 168
　6.2 准备工作 ·· 168
　6.3 基础放线 ·· 170
　6.4 水平运输 ·· 171

6.5　桁架吊装 …………………………………………… 172
　6.6　安全保护装置的安装 ……………………………… 180
　6.7　梯级与梳齿板安装 ………………………………… 185
　6.8　围板安装 …………………………………………… 188
　6.9　扶手带的安装与调整 ……………………………… 192
　6.10　电气装置安装与调整 …………………………… 196
　6.11　运行试验 ………………………………………… 197
　6.12　标志、使用须知及信号 ………………………… 199
7　质量标准 ………………………………………………… 201
　7.1　设备进场验收 ……………………………………… 201
　7.2　土建交接检验 ……………………………………… 202
　7.3　整机安装验收 ……………………………………… 202
8　成品保护 ………………………………………………… 206
　8.1　开箱点件与储存 …………………………………… 206
　8.2　现场运输及设备吊装 ……………………………… 206
　8.3　部件组装 …………………………………………… 206
　8.4　设备试运转 ………………………………………… 207
9　安全与环保 ……………………………………………… 207
　9.1　安全 ………………………………………………… 207
　9.2　环境保护 …………………………………………… 210
附表 …………………………………………………………… 211

一、曳引式电梯安装施工工艺标准

1 总 则

1.1 适用范围

本工艺标准适用于额定载重量 5000kg 及以下各类曳引驱动电梯安装工程，不适用于液压电梯、自动扶梯、杂货梯的安装。

1.2 主要参考标准及规范

(1) GB 7588—1995《电梯制造与安全规范》
(2) GB 8903—1988《电梯用钢丝绳》
(3) GN/T 10058—1997《电梯技术条件》
(4) GB/T 10059—1997《电梯试验方法》
(5) GB 50310—2002《电梯工程施工质量验收规范》
(6) GB 10060—1993《电梯安装验收规范》
(7) GB/T 12974—1991《交流电梯电动机通用技术条件》
(8) GB/T 13435—1992《电梯曳引机》
(9) JG/T 5009—1992《电梯操作装置、信号及附件》
(10) JG/T 5010—1992《住宅电梯的配置和选择》
(11) DBJ 01—26—96《建筑安装分项工程工艺规程（第五分册）》

2 术语、符号

2.1 术 语

2.1.1 电梯安装工程 installation of lifts, escalators and passenger conveyors

电梯生产单位出厂后的产品,在施工现场装配成整机至交付使用的过程。

2.1.2 电梯工程质量验收 acceptance of installation quality of lifts, escalators and passenger conveyors

电梯生产企业对安装工程的质量控制资料、隐蔽工程和施工检查记录等档案材料进行审查,对安装工程进行普查和整机运行考核,并对主控项目全检和一般项目抽检,根据本企业工艺标准对工程质量作出确认。

2.1.3 曳引驱动电梯 traction drive lift

提升钢丝绳靠曳引轮槽的摩擦力驱动的电梯。

2.1.4 再平层 re-levelling

轿厢停住后,允许在装载或卸载期间进行校正轿厢停止位置的一种操作,必要时可使轿厢连续运动(自动或点动)。

2.1.5 安全绳 safety rope

连接在轿厢和对重上的辅助钢丝绳,在悬挂装置断裂情况下,该绳使安全钳装置动作。

2.1.6 地坎 sill

轿厢或层门入口处出入轿厢的带槽的金属踏板。

2.1.7 速度控制 speed control

通过控制进出液压缸的液体流量,实现轿厢运行过程的速度调节。

2.1.8 变频调速系统 variable frequency speed control system

利用改变电动机的供电频率从而改变进入液压缸流量,即对电梯运行速度进行无级调速的系统。

2.1.9 平层准确度 leveling accuracy

轿厢到站停靠后，轿厢地坎上平面与层门地坎上平面之间的垂直方向的偏差值。

2.2 符 号

2.2.1 V——电梯额定速度，单位：m/s；
2.2.2 a——轿厢的制动减速度，单位：m/s^2；
2.2.3 Q——额定载重量，单位：kg。

3 基 本 规 定

3.1 现场质量管理制度

3.1.1 具有完善的验收标准、安装工艺及施工操作规程（或施工组织设计）。

3.1.2 具有本企业制定的包含施工全过程的各个工序的安装工程过程控制文件及项目质量计划。

3.2 电梯安装工程施工质量控制制度

3.2.1 电梯安装前，对施工现场应具备的施工条件勘察确认后，应进行土建交接检验，并填写书面交接记录，见附表二 土建交接记录。

3.2.2 电梯设备进场验收，应三方（厂家、业主代表、安装单位）共同进行，并将缺损件填写在电梯开箱点件记录表上，见附表一 电梯开箱点件记录表。

3.2.3 电梯安装的各道工序均需要按照自检、互检、班长及项目经理确认的质量控制制度进行确认，隐蔽工程项目作业前必须事先邀请业主代表（监理工程师）到场确认并在相关质量记录表上签字，班长负责及时填写各道工序的质量记录表，每道工序合格后报请本企业质量管理部门检查确认。

3.2.4 安装企业工程质量管理部门，根据项目的检验计划及时进行各工序的质量检查确认，并对不合格项提出书面整改意见并确认，全部合格后填写当地政府质量验收部门规定的质量验收记录表格。

3.2.5 安装过程中若需要技术变更，应事先得到厂家及业主（监理工程师）的签字确认后进行，技术变更记录表见附表十八；变更项目若涉及到经济问题，应在变更项目完成后，及时办理变更项目经济洽商，经济洽商记录表格见附表十九。

3.3 报请当地政府质量监督验收部门前，电梯安装工程应具备的条件

3.3.1 参加安装工程施工和质量验收人员应具备相应的资格。

3.3.2 承担有关安全性能检测的单位，必须具有相应资格。仪器设备应满足精度要求，并应在检定有效期内。

3.3.3 分项工程质量验收应在企业内部自检合格的基础上进行。

3.3.4 分项工程质量应分别按主控项目和一般项目检查验收。

3.3.5 隐蔽工程应在企业内部检查合格后，在隐蔽前通知有关单位验收，并形成验收文件。

4 施工准备

4.1 技术准备

4.1.1 图纸会审：认真对照分析业主提供的电梯产品技术文件及土建电梯井道、机房施工平面图，有不妥之处以书面形式反馈给业主，使之完善，满足电梯产品的要求。

4.1.2 编制项目施工组织设计，确保工程项目能够按期完

成，符合合同规定的质量条件。

4.1.3 技术交底：开工前必须将工程施工合同及施工组织设计及时向作业班组交底，使其熟悉操作工艺的各项要求、工期要求、质量目标以及施工过程中应注意的问题。

4.1.4 安全环保交底：结合工程特点和工艺要求，以书面形式向作业班组交代各项工序应遵守的安全操作规程及现场的安全环保制度。

4.2 材料准备

4.2.1 开箱点件：对业主提供的电梯设备实行厂家、业主、安装单位三方共同确认的方式——开箱点件。负责将现场的实物与装箱清单一一核对，将破损件、缺件填写在开箱记录清单上（见附表一）。

4.2.2 施工用的辅助材料：施工用的型钢、电焊条、钢板、膨胀螺栓、配件等，原则上使用厂家指定产品，非指定产品必须要求材料供应商提供材料的材质证明及合格证，所用材料必须符合工艺标准规定的技求参数指标，以确保达到工程质量标准。

4.3 主要机具

施工用的主要机具为电焊机、电气焊工具、电锤、切割机、卷扬机、激光放线仪、自制校道尺及精校尺、自制线坠、水平尺、磁力线坠、激光放线仪、电工钳工工具等。

4.4 作业条件

4.4.1 机房精装修完、地面完，机墩、预留孔位置符合图纸要求；机房照明在地板表面上的照度不应小于200lx，门窗可封闭上锁。

4.4.2 井壁凸出物清理完，底坑内建筑垃圾清理完。

4.4.3 现场施工用电、照明用电必须符合行业标准《施工现场临时用电安全技术规范》的要求；机房有符合电梯土建布置图要求的容量以上的三相五线制动力电源。

4.4.4 每部电梯井道照明应采用36V的安全电压单独供电，且应在底层井道入口处设有电源开关，并有过载及短路保护。

4.4.5 每层应装有护罩的照明灯，并应有3m的可动距离，或在适当位置设置手灯插座。井道底坑与顶层的照明，其照度不应小于50lx，且井道最低、最高点0.5m以内应各装一盏灯。

4.4.6 各层层门口必须设有良好的防护栏，并且各层层门口及每副脚手板上应保持干净、无杂物。

4.4.7 电梯候梯厅地面完工、大厅墙面粗装修完。

4.4.8 实际测量顶层高度、底坑深度应与图纸相符，并核算是否能满足该梯越层的要求。

4.4.9 脚手架搭设完并符合安装要求（根据合同规定）。

5 材料和质量要求

5.1 材料的关键要求

5.1.1 主材要求

电梯安装的材料主要是电梯产品本身，对主材的控制主要是通过开箱点件这一工序来完成。点件过程中应认真细致，查验配件的包装是否完好，铭牌与电梯型号是否相符；对缺损件认真登记，并及时请业主、厂家签字确认，施工过程中发现的不合格产品，要及时请厂家确认负责补齐，对安装过程中损坏的配件应按厂家要求购买指定的产品。

5.1.2 辅助材料要求

施工过程中用的主要辅助材料为电焊条，采购电焊条时应要求供应商提供产品合格证、材质证明，选用信誉好 质量好的厂家的产品。

5.2 技术关键要求

5.2.1 施工方案的选定：根据工程特点、产品特性、业主要求确定施工方案，明确质量、安全、工期、环保等目标。

5.2.2 基准线的确定：基准线是导轨安装的度量基准，悬挂时要充分考虑井道的前后空间尺寸，确保运动部件的安全。稳固基准线时应在无风的时候进行，为缩短线坠摆动时间，应将线坠放入水桶或油桶内，稳固后，用激光放线仪校验，基准线与中心线误差、两侧导轨对角基准线的连线长度误差应不大于1mm。

5.2.3 导轨校验：导轨垂直度、间距、扭曲度的大小决定了电梯最终的舒适性能，为确保工艺精度要求，应使用导轨专用校道尺。校道尺与导轨侧面、端面接触的工作面应刨平、相互垂直，与导轨端面、侧面应贴紧，扭曲度刻线为校道尺与导轨侧面接触的工作面的延长线，以保证其精度。

5.3 质量关键要求

5.3.1 导轨垂直度、扭曲度误差、门轮与地坎间隙需确保符合工艺标准及国家标准的要求。

5.3.2 绳头制作：绳头制作过程要严格按照本工艺6.9.2.3条的要求，以确保绳头的质量。

5.3.3 电梯调试：电梯起动、制动、加速度整定值应符合设计及国标的要求，需用专用仪器测量。

5.4 职业健康安全关键要求

5.4.1 层门防护：井道内施工时，层门洞必须有不低于1.2m的防护栏杆。

5.4.2 安全网防护：井道内施工时每隔四层设一道安全网。

5.4.3 层门安全装置：调试过程严禁封掉层门电锁安全回路，保证开门状态不能走车。

5.4.4 进入施工现场必须戴好安全帽并系好帽带，井道施工时必须系好安全带，进行电焊作业时应戴上焊工手套及防护面罩。

5.5 环境关键要求

5.5.1 设备进场：设备进场大部分在夜间，卸车时应遵守当地的夜间噪声管理规定，不能扰民。

5.5.2 废渣废料的处理：施工过程产生的废渣废料要按照工地管理规定，存放到指定地点。

6 施 工 工 艺

6.1 施工工艺流程图

样板架安装、挂基准线 → 导轨架及导轨安装 → 机房机械设备安装 → 对重安装 → 轿厢安装 → 层门安装 → 井道机械设备安装 → 钢丝绳安装 → 电气装置安装 → 整机调试

6.2 样板架安装、挂基准线

6.2.1 工艺流程

脚手架搭设 → 样板架制作 → 井道测量、确定基准线 → 挂基准线

6.2.2 操作工艺

6.2.2.1 搭设脚手架

（1）脚手架立管最高点位于井道顶板下 1.5～1.7m 处为宜，以便稳放样板。顶层脚手架立管最好用四根短管，拆除此短管后，余下的立管顶点应在最高层牛腿下面 500mm 处，以便轿厢安装，见图 6.2.2.1-1。

（2）脚手架排管档距以 1.4～1.7m 为宜，为便于安装作业，每层层门牛腿下面 200～400mm 处应设一档横管，两档横管之间应加装一档横管，便于上下攀登，脚手架每层最少铺 2/3 面积的

脚手板，板厚不应小于50mm，板与板之间空隙应不大于50mm，各层交错排列，以减小坠落危险，见图6.2.2.1-2（a）。

(3) 脚手板两端伸出排管150～200mm，用8号钢丝将其与排管绑牢，见图6.2.2.1-2（b）。

(4) 脚手架在井道内的平面布置尺寸应结合轿厢、轿厢导轨、对重、对重导轨、层门等之间的相对位置，以及电线

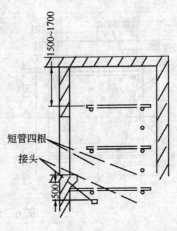

图6.2.2.1-1

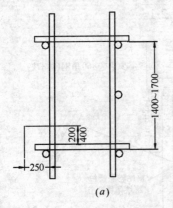

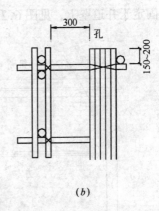

图6.2.2.1-2

槽管、接线盒等的位置，在这些位置前面留出适当的空隙，供吊挂铅垂线之用，见图6.2.2.1-3。

(5) 脚手架必须经过安全技术部门检查，验收合格后方可使用。

井道内脚手架搭设完毕，并符合《建筑安装工程脚手架安全技术操作规程》及安装部门提供的图纸要求。

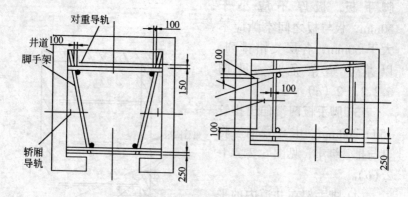

图 6.2.2.1-3

6.2.2.2 搭设样板架

（1）在井道顶板下面 1m 左右处用膨胀螺栓将角钢水平牢固地固定于井道壁上，见图 6.2.2.2-1。

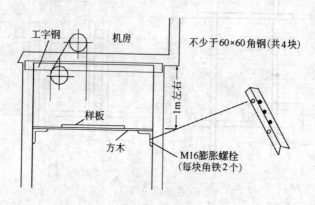

图 6.2.2.2-1

（2）若井道壁为砖墙，应在井道顶板下 1m 左右处沿水平方向剔洞，稳放样板木支架，并且端部固定，见图 6.2.2.2-2。

（3）样板支架方木端部应垫实找平，水平度误差不得大于 3/1000。

6.2.2.3 测量井道，确定标准线

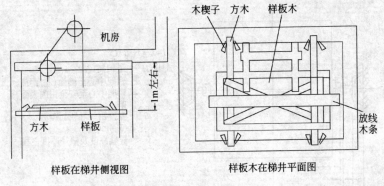

图 6.2.2.2-2

(1) 预放两根层门口线测量并道。一般两线间距为门净开度。

(2) 井道测量时，注意井道内安装的部件对轿厢运行有无妨碍，如限速器钢绳选层器钢带、限位开关、中线盒、随线架等。同时必须考虑到门导轨及地坎等与井壁距离，对重与井壁距离，必须保证在轿厢及对重上下运行时其运动部分与井道内静止的部件及建筑结构净距离不得小于50mm。

(3) 确定轿厢轨道线位置时，要根据道架高度要求，考虑安装位置有无问题。道架高度计算方法如下，见图6.2.2.3-1。

(4) 对重轨道中心线确定时应考虑对重宽度（包括对重块、最突出部分），距墙壁及轿厢应有不小于50mm的间隙。

(5) 对于前后开门（贯通门）的电梯，井道深度＞厅门地坎宽度×2＋厅门地坎与轿厢地坎间隙×2＋轿厢深度，并应考虑井壁垂直情况是否满足安装要求。

(6) 各层层门地坎位置确定，应根据所放的厅门线测出每层牛腿与该线的距离，经过计划，应做到照顾多数，既要考虑少剔牛腿或墙面，又要做到离墙最远的地坎装好后，门立柱与墙面的间隙小于30mm而定。

(7) 对于层门建筑上装有大理石门套以及装饰墙的电梯，由

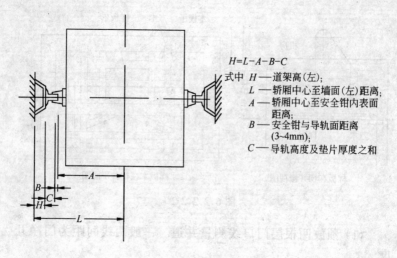

$$H = L - A - B - C$$

式中 H —— 道架高(左);
L —— 轿厢中心至墙面(左)距离;
A —— 轿厢中心至安全钳内表面距离;
B —— 安全钳与导轨面距离(3~4mm);
C —— 导轨高度及垫片厚度之和

图 6.2.2.3-1

于它们的施工在后,因而确定层门基准线时,除按照上述 5 项进行考虑外,还要参阅建筑施工图,同时考虑利于门套及装饰墙的施工。

(8) 对两台或多台并列电梯安装时应注意各电梯中心距与建筑图是否相符,应根据井道建筑情况,对所有层门指示灯、按钮盒位置进行通盘考虑,使其高低一致,并与建筑物协调,保证美观。

(9) 对多台相对并列电梯确定基准线时,除上述应注意的事项外,还应根据建筑及门套施工尺寸考虑做到电梯候梯厅两边宽度一致,两列电梯层门口相对一致,以保证电梯门套施工或土建大理石门套施工的美观要求,见图 6.2.2.3-2。

(10) 确定基准线时,还应复核机房的平面布置。曳引机、工字钢、限速器、极限开关等电气设备的布局有无问题,维修是否方便,并进行必要的调整。

6.2.2.4 样板就位,挂基准线

(1) 样板加工制造,见图 6.2.2.4-1。样板的木条优先选用

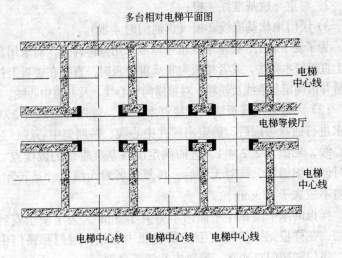

图 6.2.2.3-2

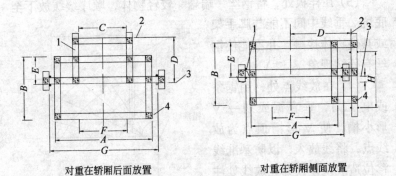

图 6.2.2.4-1
A—轿厢宽；B—轿厢深；C—对重导轨架距离；D—轿厢架中心线至对重中心线的距离；E—轿厢架中心线至轿底后沿；F—开门宽度；G—轿厢导轨架距离；H—轿厢与对重偏心距离

1—铅垂线；2—对重中心线；3—轿厢架中心线；4—连接铁钉

干燥的松木制作，且四面刨光、平直，按图纸要求组装，并用胶粘牢，将样板就位。

基准垂线共计10根，其中：

1）轿厢导轨基准线4根；

13

2）对重导轨基准线4根；

3）层门地坎基准线2根（贯通门时4根）。

为了便于施工，挂基准线也可以不采用整体样板，而采用在木方上直接钉木条法，或者楼板为非承重楼板时，直接在楼板上打孔测量井道确定基准线及轿厢、对重横向中心线，及井道中心线。

（2）无论采用样板法或直接钉木条法，首先应按照6.2.3条要求进行通盘考虑后，确定出梯井中心线、轿厢架中心线、对重中心线，见图6.2.2.4-1，进而确定出各基准垂线的放线点，划线时使用细铅笔，核对无误后，再复核各对角线尺寸是否相等，偏差不应大于0.3mm。

样板的水平度在全平面内不得大于3mm。为了便于安装时观测，在样板架上需用文字注明轿厢中心线、层门和轿门中心线、层门和轿门口净宽、导轨中心线等名称。

（3）在样板处，将钢丝一端悬一较轻物体，顺序缓缓放下至底坑。垂线中间不能与脚手架或其他物体接触，并不能使钢丝有死结现象。

（4）在放线点处，用锯条或电工刀，垂直锯或划一V形小槽，使V形槽顶点为放线点，将线放入，以防基准线移位造成误差，并在放线处注明此线名称，把尾线在固定铁钉上绑牢，见图6.2.2.4-2。

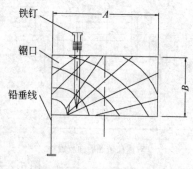

图6.2.2.4-2

（5）线放到底坑后，用线坠替换放线时悬挂的物体，任其自然垂直静止。如行程较高或有风线坠不易静止时，可在底坑放一水桶，桶内装入适量的水或机油，将线坠置于桶内，增加其摆动阻力，使线坠尽快静止，见图6.2.2.4-3。

（6）在底坑安装稳线架，待基准线静止后将线固定于稳线架上，然后再检查各放线点的固定点的各部尺寸、对角线等尺寸有无偏差,确定无误后,方可进行下道工序,见图6.2.2.4-4。

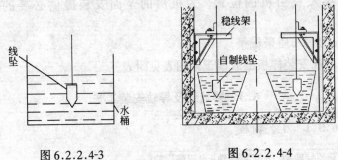

图6.2.2.4-3　　　　　图6.2.2.4-4

(7)基准线摇摆不定时,稳线工作应在凌晨进行,也可把线坠下的水桶里的水换成机油,加快基准线的稳定时间。

6.2.2.5　机房放线

(1)井道样板完成后,还要进行机房放线工作,校核确定机房各预留孔洞的准确位置,为曳引机、限速器和钢带轮等设备定位安装做好准备。

(2)用线坠通过机房预留孔洞,将样板上的轿厢导轨中心线、对重导轨中心线、地坎安装基准线等引到机房地面上来。

(3)根据图纸尺寸要求的导轨轴线、轨距中线、两垂直交叉十字线为基础,弹划出各绳孔的准确位置,见图6.2.2.5。

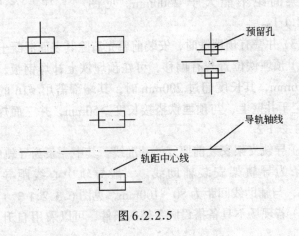

图6.2.2.5

15

(4) 根据弹划线的准确位置，修正各预留孔洞，并可确定承重钢梁及曳引机的位置，为机房的全面安装提供必要的条件。

6.2.3 质量记录

电梯安装样板架放线记录图表见附表三。

6.3 导轨架及导轨安装工艺

6.3.1 工艺流程

安装导轨架 → 安装导轨 → 调整导轨

6.3.2 操作工艺

6.3.2.1 安装导轨架

(1) 根据导轨基准线及辅助基准线确定导轨架的位置。

(2) 最下一层导轨架距底坑1000mm以内，最上一层导轨架距井道顶距离≥500mm，中间导轨架间距≤2500mm且均匀布置，如与接导板位置相遇，间距可以调整，错开的距离≤30mm，但相邻两层导轨架间距不能大于2500mm。见图6.3.2.1-1。

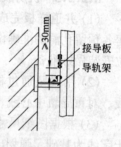

图 6.3.2.1-1

(3) 井壁有预埋铁时，安装前要先清除其表面混凝土。

1) 预埋铁位置若有偏移，可在预埋铁上补焊钢板，钢板厚度≥16mm，其长度超过200mm时，其端部需用ϕ16的膨胀螺栓固定于井壁上，与预埋铁搭接长度≥50mm，并三面焊牢，见图6.3.2.1-2。

2) 导轨支架安装前要复核基准线，其中一条为导轨中心线，另一条为导轨架安装辅助线，一般导轨中心线距导轨端面10mm，与辅助线间距为80~100mm，见图6.3.2.1-3。

3) 若现场不具备搭设脚手架的条件，可以采用自升法安装

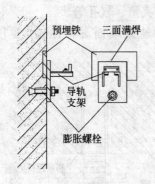

图 6.3.2.1-2

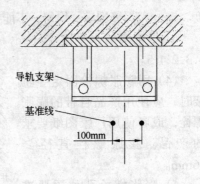

图 6.3.2.1-3

导轨架,其基准线为两条,基准线距导轨中心线 300 mm,距导轨端面 10mm,以不影响导靴的上下滑动为宜。见图 6.3.2.1-4。

4) 测出每层导轨架距墙的实际尺寸,按顺序编号在现场工作间加工好。

5) 导轨架与预埋铁接触面要严实,四周满焊,焊缝高

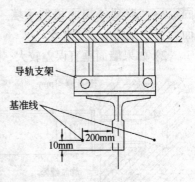

图 6.3.2.1-4

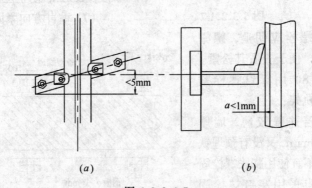

图 6.3.2.1-5
(a) 导轨架的不水平度;(b) 导轨架端面垂直度

度≥5mm,焊缝饱满、均匀,不能有夹渣、气孔等。

6) 导轨架的水平度≤5mm,导轨架端面 a < 1mm,见图 6.3.2.1-5。

(4) 用膨胀螺栓固定导轨架时,应使用产品自带的膨胀螺栓,或者使用厂家图纸要求的产品。膨胀螺栓直径≥16mm。

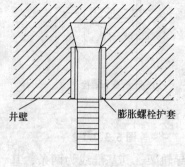

图 6.3.2.1-6

1) 膨胀螺栓孔位置要准确,其深度一般以膨胀螺栓被固定后,护套外端面稍低于墙面为宜,见图 6.3.2.1-6。

2) 如果墙面垂直误差较大,可局部剔凿,然后用垫片填实。见图 6.3.2.1-7。

(5) 按顺序加工导轨架。

(6) 安装导轨架,并找平校正,对于可调式导轨架,调节定位后,紧固螺栓,并在可调部位焊接两处,焊缝长度≥20mm,防止位移。

(7) 垂直方向紧固导轨架的螺栓应朝上,螺帽在上,便于查看其松紧。

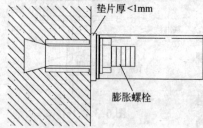

图 6.3.2.1-7

(8) 用穿钉螺栓紧固导轨架:

若井壁较薄,墙厚<150mm,又没有预埋铁时,不宜使用膨胀螺栓固定,应采用穿钉螺栓固定,见图 6.3.2.1-8。

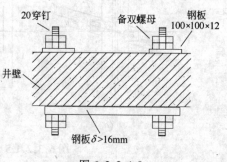

图 6.3.2.1-8

(9) 井壁是砖墙时的固定方法

1) 在对应导轨架的位置，剔一个内大口小的孔洞，其深度≥130mm，见图6.3.2.1-9。

2) 导轨架按编号加工，插入墙内部分的端部劈成燕尾状，见图6.3.2.1-10。

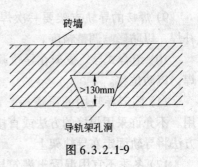

图6.3.2.1-9

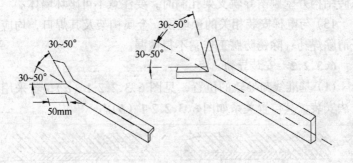

图6.3.2.1-10

3) 灌筑前，用水冲洗孔洞内壁，冲出渣土润湿内壁。

4) 灌筑孔洞的混凝土用水泥、砂子、豆石按1:2:2的比例加入适量的水搅拌均匀制成。导轨架埋进洞内的尺寸≥120mm，而且要找平找正，其水平度符合安装导轨的要求。

5) 导轨架稳固后，不能碰撞，常温下需要经过6~7d的养护，强度达到要求后，才能安装导轨。

6) 若墙体是空心砖、泡沫砖则不能埋设固定件，应加装钢质圈梁用以固定导轨支架。

7) 用混凝土灌筑的导轨支架若有松动的，要剔出来，按前述的方法重新灌筑，不可在原有基础上修补。

8) 用膨胀螺栓固定的导轨支架若松动，要向上或向下改变导轨支架的位置，重新打膨胀螺栓进行安装。

9）焊接的导轨支架要一次焊接成功。不可在调整轨道后再补焊，以防影响调整精度。

10）组合式导轨支架在导轨调整完毕后，须将其连接部分点焊，以防位移。

11）固定导轨用的压道板、紧固螺栓一定要和导轨配套使用。不允许采用焊接的方法或直接用螺栓固定（不用压道板）的方法将导轨固定在导轨架上。

12）冬季不宜用混凝土灌筑导轨支架的方法安装导轨支架。在砖结构井壁剔凿导轨支架孔洞时，要注意不可破坏墙体。

13）与电梯安装相关的预埋铁、金属构架及其焊口，均应做好清除焊药、除锈防腐工作，不得遗漏。

6.3.2.2 安装导轨

（1）基准线与导轨的位置，见图 6.3.2.2-1（a）；若采用自升法安装，其位置关系如图 6.3.2.2-1（b）。

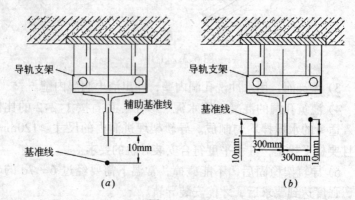

图 6.3.2.2-1
（a）脚手架施工；（b）自升法施工

（2）检查导轨的直线度≯1‰，单根导轨全长偏差≯0.7mm，不符合要求的应要求厂家更换或自行调直。

（3）导轨端部的榫头、连接部位的加工面应无毛刺、尘渣、油污等，以保证安装精度的要求。

（4）导轨接头不宜在同一水平面上，或按厂家图纸要求施工。

(5) 采用油润滑的导轨，应在立基础导轨前，在其下端加一个距底坑地平高 40~60mm 的水泥墩或钢墩，或将导轨下面的工作面的部分锯掉一截，留出接油盒的位置，见图 6.3.2.2-2、图 6.3.2.2-3。

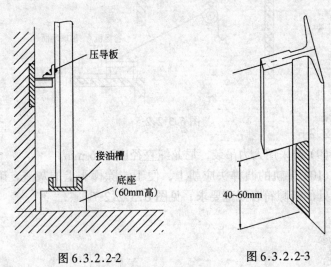

图 6.3.2.2-2　　　　　图 6.3.2.2-3

(6) 导轨应用压导板固定在导轨支架上，不应焊接或螺栓直接连接；每根导轨必须有两个导轨架；导轨最高端与井道顶距离 50~100mm，见图 6.3.2.2-4。

(7) 提升导轨用卷扬机安装在顶层层门口，井道顶上挂一滑轮，见图 6.3.2.2-5。

(8) 吊装导轨时应用 U 形卡固定住接导板，吊钩应采用可旋转式，以消除导轨在提升过程中的转动，旋转式吊钩可采用推力轴承自行制作，见图

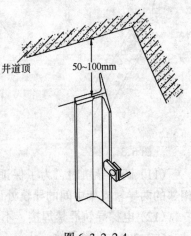

图 6.3.2.2-4

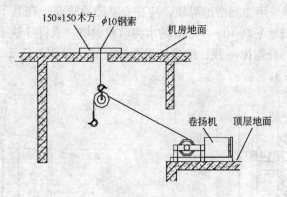

图 6.3.2.2-5

6.3.2.2-6。

（9）若采用人力吊装，尼龙绳直径应≥16 mm。

（10）导轨的凸榫头应朝上，便于清除榫头上的灰渣，确保接头处的缝隙符合规范要求，见图 6.3.2.2-7。

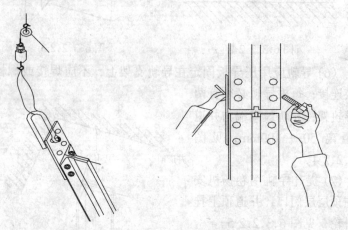

图 6.3.2.2-6　　　　图 6.3.2.2-7

（11）调整导轨时，为了保证调整精度，要在导轨支架处及相邻的两导轨支架中间的导轨处设置测量点。

（12）电梯导轨严禁焊接，不允许用气焊切割。

6.3.2.3　调整导轨

(1) 将验道尺固定于两导轨平行部位（导轨架部位），拧紧固定螺栓，见图 6.3.2.3-1。

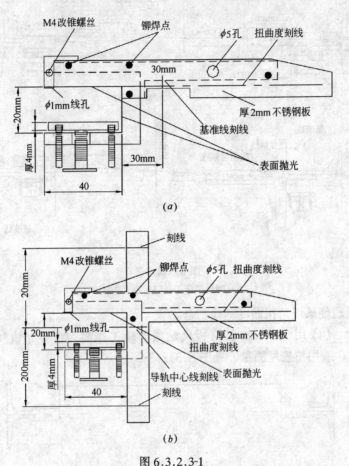

图 6.3.2.3-1
(a) 适合脚手架施工；(b) 适合自升法施工

(2) 用钢板尺检查导轨端面与基准线的间距和中心距离如不符合要求，应调整导轨前后距离和中心距离，以符合精度要求，见图 6.3.2.3-2。

(3) 绷紧验导尺之间用于测量扭曲度的连线，并固定，校正

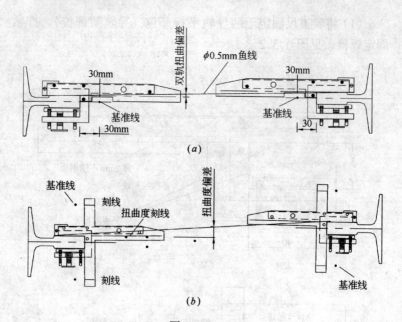

图 6.3.2.3-2
(a) 脚手架施工；(b) 自升法施工

导轨使该线与扭曲度刻线吻合。

(4) 用 2000mm 长钢板尺贴紧导轨工作面,校验导轨间距 L,或用精校尺测量,见图 6.3.2.3-3。

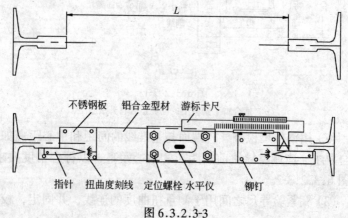

图 6.3.2.3-3

(5) 调整导轨用垫片不能超过三片,导轨架和导轨背面的衬垫不宜超过 3mm 厚。垫片厚大于 3mm 小于 7mm 时,要在垫片间点焊,若超过 7mm,应先用与导轨宽度相当的钢板垫入,再用垫片调整。

(6) 调整导轨应由下而上进行。

(7) 导轨间距及扭曲度符合表 6.3.2.3-1 的要求。

导轨间距及扭曲度允许偏差　　　　表 6.3.2.3-1

电梯速度	2m/s 以上		2m/s 以下	
轨道用途	轿厢	对重	轿厢	对重
轨距偏差	0~+0.8	0~+1.5	0~+0.8	0~+1.5
扭曲度偏差	1	1.5	1	1.5

(8) 修正导轨接头处的工作面

1) 导轨接头处,导轨工作面直线度可用 500mm 钢板尺靠在导轨工作面,接头处对准钢板尺 250mm 处,用塞尺检查 a、b、c、d 处(见图 6.3.2.3-4),均应不大于表 6.3.2.3-2 的规定。

导轨直线度允许偏差　　　　表 6.3.2.3-2

导轨连接处 ≯mm	a	b	c	d
	0.15	0.06	0.15	0.06

2) 导轨接头处的全长不应有连续缝隙,局部缝隙不大于 0.5mm,见图 6.3.2.3-5。

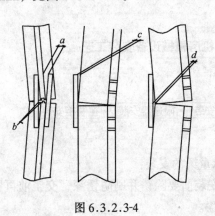

图 6.3.2.3-4

图 6.3.2.3-5

3）两导轨的侧工作面和端面接头处的台阶应不大于0.05mm，见图6.3.2.3-6。对台阶应沿斜面用专用刨刀刨平，磨修长度应符合表6.3.2.3-3的要求。

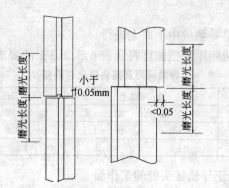

图6.3.2.3-6

台阶磨修长度　　　　　　　　　表6.3.2.3-3

电梯速度（m/s）	2.5m/s以上	2.5m/s以下
修整长度（mm）	≥300	≥200

6.3.3 质量记录

施工班组应根据进度填写导轨安装质量记录见附表四、附表五。

6.4 机房机械设备安装工艺

6.4.1 工艺流程

|承重梁安装|→|曳引机安装|→|限速器安装|→|控制柜安装|

6.4.2 操作工艺

6.4.2.1 曳引机承重梁的安装：

（1）曳引机承重梁安装前要除锈并刷防锈漆，交工前再刷成与机器颜色一致的装饰漆。

(2) 根据样板架、和曳引机安装图在机房画出承重钢梁位置。

(3) 安装曳引机承重钢梁，其两端必须放于井道承重墙或承重梁上，如需埋入承重墙内，其搭接长度应超过墙中心20mm，且不应小于75mm，见图6.4.2.1-1。在曳引机承重钢梁与承重墙（或梁）之间，垫一块面积大于钢梁接触面、厚度不小于16mm的钢板，并找平垫实，如果机房楼板是承重楼板，承重钢梁或配套曳引机可直接安装在混凝土机墩上。

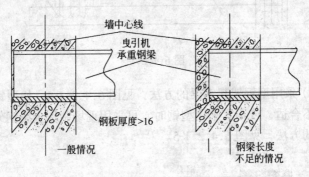

图6.4.2.1-1

(4) 设备与钢梁连接使用螺栓时，必须按钢梁规格在钢梁翼下配以合适偏斜垫圈。钢梁上开孔必须圆整，稍大于螺栓外径，为保证孔规矩，不允许使用汽焊割圆孔或长孔，应用磁力电钻钻孔，见图6.4.2.1-2。

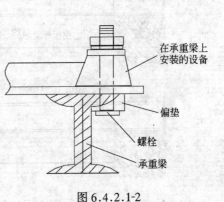

图6.4.2.1-2

(5) 承重梁的安装方法

1) 钢梁安装在混凝土墩上时，混凝土墩内必须按设计要求加钢筋，里钢筋通过地脚螺丝和楼板相连。混凝土墩上设有厚度不小于16mm的钢板，见图6.4.2.1-3。

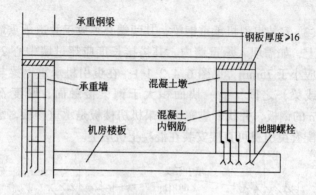

图6.4.2.1-3

2）采用型钢架起钢梁的方法，见图6.4.2.1-4，如型钢垫起高度不合适，或不宜采用型钢时，可采用现场制作金属钢架架设钢梁的方法，见图6.4.2.1-5。

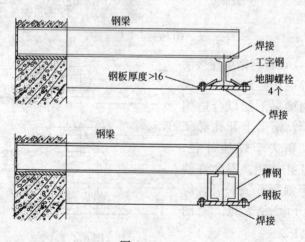

图6.4.2.1-4

（6）承重梁直接安装在机房楼板上的方法：首先根据反馈到机房地平上的基准线，确定轿厢与对重的中心连线，然后按照安装图所给出的尺寸以及确定钢梁安装位置,导向轮伸到井道时应复核顶层高度是否符合验收规范的要求,见图6.4.2.1-6。

(7) 曳引机承重钢梁安装找平找正后,用电焊将承重梁和垫铁焊牢。承重梁在墙内的一端及在地面上坦露的一端用混凝土灌实抹平,见图6.4.2.1-7。

(8) 凡是浇灌混凝土内属于隐蔽工程的部件,在浇灌混

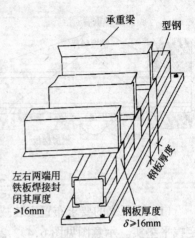

图6.4.2.1-5

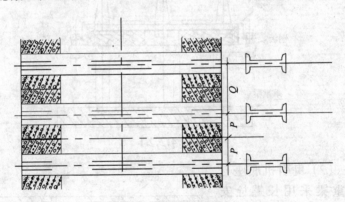

图6.4.2.1-6

凝土之前要经质检人员与业主签字确认后,才能进行下一道工序。

(9) 在安装过程中,应始终使承重钢梁上下翼缘和腹板同时受垂直方向的弯曲载荷,而不允许其侧向受水平方向的弯曲载荷,以免产生变形。

6.4.2.2 曳引机减振胶垫的布置安装

29

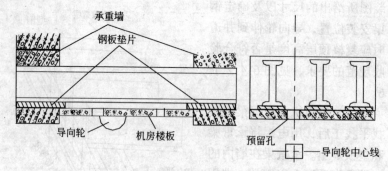

图 6.4.2.1-7

(1) 按厂家的要求布置安装减振胶垫，减振胶垫需严格按规定找平垫实。示意图见图 6.4.2.2-1。

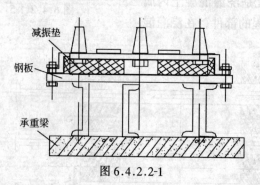

图 6.4.2.2-1

(2) 曳引机底座与承重梁采用长螺栓安装，见图 6.4.2.2-2。

(3) 曳引机底座与承重梁采用专用减振垫，安装示意图见 6.4.2.2-3。

(4) 曳引机底座与承重梁用螺栓直接固

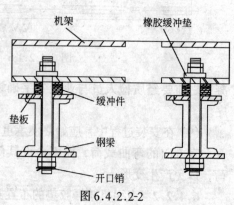

图 6.4.2.2-2

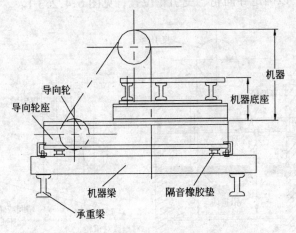

图 6.4.2.2-3

定,在承重梁两端下面加减振垫,示意图见 6.4.2.2-4。

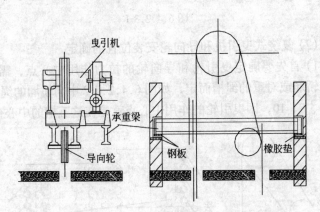

图 6.4.2.2-4

6.4.2.3 曳引机安装

(1)单绕式曳引机和导向轮的安装位置确定方法:把放样板上的基准线通过预留孔洞反馈到机房地平上,根据对重导轨、轿厢导轨及井道中心线,参照产品安装图册,在地平上画出曳引轮、导向轮的垂直投影,分别在曳引轮、导向轮两个侧面吊两根垂线,以确定导向轮、曳引轮位置,见图6.4.2.3-1。

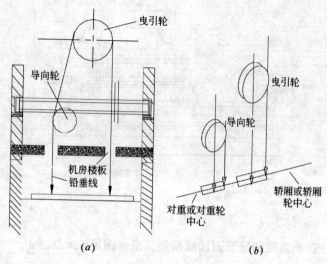

图6.4.2.3-1

(2) 复绕式曳引机和导向轮安装位置的确定

1) 首先要确定曳引轮和导向轮的拉力作用中心点,需根据引向轿厢或对重的绳槽而定,如图6.4.2.3-2中向轿厢的绳槽2、4、6、8、10,因曳引轮的作用中心点就是在这五槽的中心位置,

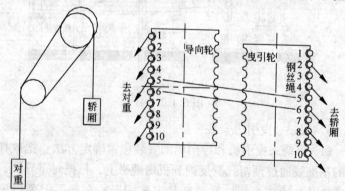

图6.4.2.3-2

即第6槽的中心 A' 点。导向轮的作用中心点是在1、3、5、7、9槽中心位置,即第五槽的中心点 B'。

2) 安装位置的确定:

① 若导向轮及曳引机已由制造厂家组装在同一底座上时,确定安装位置极为方便,在电梯出厂时,轿厢与对重中心距已完全确定,只要移动底座使曳引轮作用中心点 A' 吊下的垂线对准轿厢(或轿轮)中心点 A,使导向轮作用中心点 B' 吊下的垂线对准对重(或对重轮)中心点 B,这项工作即已完成。然后将底座固定。

② 若曳引机与导向轮需在工地安装成套时,曳引机与导向轮的安装定位需要同时进行,其方法是,在曳引机及导向轮上位置,使曳引轮作用中心点 A' 吊下的垂线对准轿厢(或轿轮)中心点 A,使导向轮作用中心点 B' 吊下的垂线对准对重(或对重轮)中心点 B,并且始终保持不变,然后水平转动曳引机及导向轮,使两个轮平行,且相距 $(1/2)S$,图6.4.2.3-3,并进行固定。

③ 若曳引轮与导向轮的宽度及外形尺寸完全一样时,此项工作也可以通过找两轮的侧面延长线进行,图6.4.2.3-4。

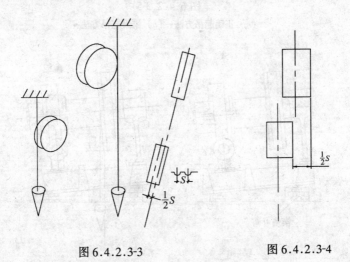

图6.4.2.3-3　　　　　　图6.4.2.3-4

(3) 曳引机吊装:在吊装曳引机时,吊装钢丝绳应定在曳引机底座吊装孔上，或产品图册中规定的位置，不要绕在电动机轴上或吊环上，见图6.4.2.3-5。曳引机座采用防振胶垫时，在其未挂曳引绳时，曳引轮外端面应向内倾向，见图6.4.2.3-6，倾斜值E视曳引机轮直径及载重量而定，一般为+1mm，待曳引轮挂绳承重后，再检测曳引机水平度和曳引轮垂直度应满足标准要求。

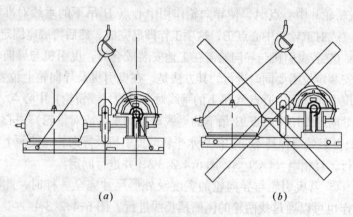

图6.4.2.3-5
(a) 正确起吊方法；(b) 错误起吊方法

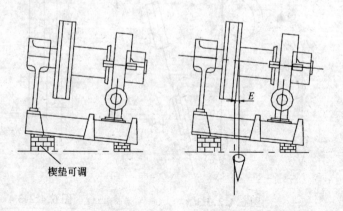

图6.4.2.3-6

(4) 曳引机安装调整后，在机座轴向安装防止位移的挡板和压板，中间用橡胶垫挤实或安装其他防位移措施，见图6.4.2.3-7。

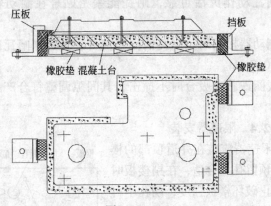

图 6.4.2.3-7

(5) 曳引机工作面与机房地平不在同一水平面上时的吊装：首先应用槽钢搭设门形提升架，在与曳引机工作面等高位置搭设作业平台。然后将曳引机用倒链葫芦提升到平台位置，再用葫芦水平拉至工作面上，水平用力时，垂直提升的葫芦应缓慢放松，不得突然放开，以免发生意外。见图6.4.2.3-8。

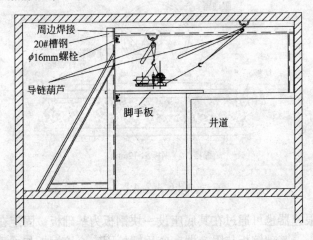

图 6.4.2.3-8

(6) 曳引机制动器的调整

1) 销轴螺栓：挡圈齐全，闸瓦、制动轮工作面清洁。

2) 闸瓦动作灵活可靠，闸瓦能紧密贴合在制动轮工作面上。

3) 制动器松闸时，闸瓦需同步离开，其两侧闸瓦四周间隙平均值≯0.7mm。

4) 线圈铁芯在吸合时不撞击，其间隙调整符合产品说明书要求。

6.4.2.4 限速器安装

(1) 限速器应装在井道顶部的楼板上，如预留孔不合适，在剔楼板时应注意防止破坏楼板强度，剔孔不可过大，并应在楼板上，用厚度不小于12mm的钢板制作一个底座，图6.4.2.4-1，将限速器和底座用螺栓固定。如楼板厚度小于120mm，应在楼板下再加一块钢板，采用穿钉螺栓固定，见图6.4.2.4-2。

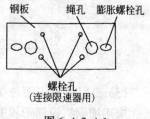

图 6.4.2.4-1

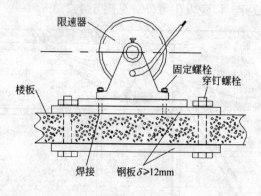

图 6.4.2.4-2

限速器也可通过在其底座设一块钢板为基础板，固定在承重钢梁上，基础钢板与限速器底座用螺栓固定；该钢板与承重钢梁

可用螺栓或焊接定位，图
6.4.2.4-3。

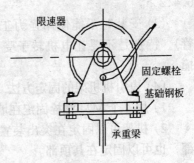

图 6.4.2.4-3

(2) 根据安装图所给坐标位置，由限速器轮槽中心向轿厢拉杆上绳头中心吊一垂线，同时由限速轮另一边绳槽中心直接向张紧轮相应的绳槽中心吊一垂线，调整限速器位置，使上述两对中心在相应的垂线上，位置即可确定。然后在机房楼板对应位置打上膨胀螺栓，将限速器就位，再一次进行调整，使限速器位置和底座的水平度都符合要求，然后将膨胀螺栓紧固。

(3) 限速器轮的垂直误差不得大于 0.5mm，可在限速器底面与底座间加垫片进行调整。

(4) 限速器就位后，绳孔要求穿导管（钢管）固定，并高出楼板 50mm，同时找正后，钢丝绳和导管的内壁均应有 5mm 以上间隙。

(5) 限速器上应标明与安全钳动作相应的旋转方向。

(6) 限速器在任何情况下，都应是可接近的。若限速器装于井道内，则应能从井道外面接近它。

(7) 查验限速器铭牌上的动作速度是否与设备要求相符。

(8) 限速器的整定值已由厂家调整好，现场施工不能调整。若机件有损坏或运行不正常，需送到厂家检验调整，或者换新。

6.4.2.5 无机房电梯曳引机的安装

(1) 安装前检查曳引机的运输有无损坏情况，特别是电缆线。

(2) 根据厂家提供的安装图册施工，曳引机用支架固定在悬挂的底座位置上，曳引轮被钢丝绳包绕的一侧，必须和制动器安装的位置同侧，电机根据牵引的方向安装，示意图见图

37

6.4.2.5。

(3) 安装时不能使用强力工具（如杠杆、弯管），特别是不要让电机转子受到剧烈的机械碰撞。

(4) 曳引机机架的固定方法

1) 用4个M24螺栓固定在墙面上。

2) 机架可以固定在突出装置或悬挂装置的顶部，也可以固定在其顶部。

6.4.2.6 机房标记

钢丝绳平层标记、转动轮标记、飞轮标记等应符合验收要求（本项内容可在调试完后进行）。

6.4.3 质量记录

质量记录见附表六。

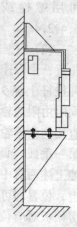

图 6.4.2.5

6.5 对重安装工艺

6.5.1 工艺流程

|吊装前的准备工作| → |吊装对重框架| → |安装导靴| → |对重块安装|

6.5.2 操作工艺

6.5.2.1 吊装前的准备工作。

(1) 在脚手架上相应位置搭设操作平台，以方便吊装对重框架和装入对重块，图6.5.2.1-1。

(2) 在机房预留孔洞上方放置一工字钢（可用曳引机承重梁临时代替），拴上钢丝绳扣，在钢丝绳扣中央悬挂一倒链葫芦。在首层安装时，钢丝绳扣要固定在相对的两个导轨架上，不可直接挂在导轨上，以免导轨受力后移位或变形。

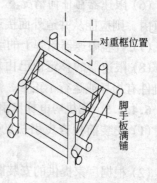

图 6.5.2.1-1

(3)在首层安装时,对重缓冲器两侧各支一根 100mm×100mm 木方,木方高度 $C=A+B+$ 越程距离。其中 A 为缓冲器底座高度;B 为缓冲器高度见图 6.5.2.1-2。越程距离见表 6.5.2.1。

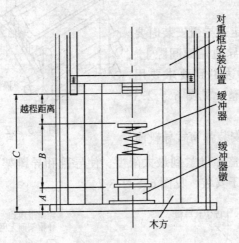

图 6.5.2.1-2

越 程 距 离　　　　　表 6.5.2.1

电梯额定速度(m/s)	缓冲器型式	越程距离(mm)
0.5~1.0	弹　簧	200~350
1.5~2.5	油　压	150~400

(4)若导靴为弹簧式或固定式的,要将同一侧的两导靴拆下,若导靴为滚轮式的,要将四个导靴都拆下。

6.5.2.2 对重框架吊装就位

(1)将对重框架运到操作平台上,用钢丝绳扣将对重绳头板和倒链吊钩连在一起,见图 6.5.2.2。

(2)操作倒链将对重框架吊起到预定高度,对于一侧装有弹簧式或固定式导靴的对重框架,移动对重框架使其导靴与该侧导轨吻合并保持接触,然后轻轻放松倒链,使对重架平稳牢固地安放在事先支好的木方上，应使未装导靴的框架两侧面与导轨端面距离相等。

6.5.2.3 对重导靴的安装、调整。

（1）固定式导靴安装时要保证内衬与导轨端面间隙上、下一致，若达不到要求要用垫片进行调整，见图6.5.2.3-1。

（2）在安装弹簧式导靴前应将导靴调整螺母紧到最大限度，使导靴和导靴架之间没有间隙，这样便于安装，见图6.5.2.3-2。

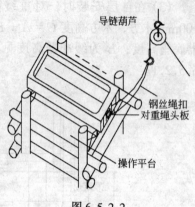

图6.5.2.2

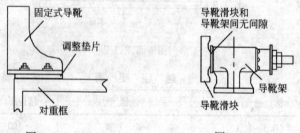

图6.5.2.3-1　　　　　　图6.5.2.3-2

（3）若导靴滑块内衬上、下与轨道端面间隙不一致，则在导靴座和对重框架间用垫片进行调整，调整方法同固定式导靴。

（4）滚动式导靴安装要平整，两侧滚轮对导轨的初压力应相等，压缩尺寸应按厂家图纸规定。如无规定则根据使用情况调整压力适中，正面滚轮应与道面压紧，轮中心对准导轨中心，图6.5.2.3-3。

（5）导靴安装调整后，所有螺栓一定要紧牢防松。若发现个别的螺孔位置不符合安装要求，要及时解决，绝不允许漏装。

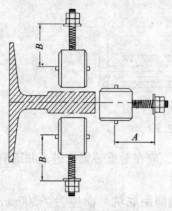
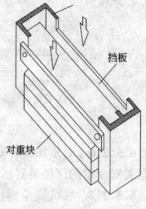

图 6.5.2.3-3　　　　　　　图 6.5.2.4

6.5.2.4　对重块的安装及固定

（1）对重块数量应根据下列公式求出：

装入的对重块数＝[轿厢自重＋额定荷重×(0.4～0.5)－对重架重]/单块重量

（2）按厂家设计要求装上对重块压紧装置。图 6.5.2.4 为挡板式压紧装置。还有顶丝式、顶管式等对重压紧装置，防止对重块在电梯运行时发出撞击声。

6.5.2.5　如果有滑轮固定在对重装置上时，应设置防护罩，以避免伤害作业人员，又可预防钢丝绳松弛时脱离绳槽、绳与绳槽之间落入杂物。这些装置的结构应不妨碍对滑轮的检查维护。采用链条的情况下，亦要有类似的装置，见图 6.5.2.5-1～图

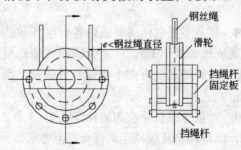

图 6.5.2.5-1

41

6.5.2.5-3。

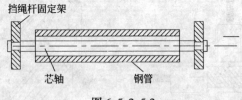

图 6.5.2.5-2

6.5.2.6 对重如设有安全钳,应在对重装置未进入井道前,将有关安全钳的部件装妥。

6.5.2.7 底坑安全栅栏的底部距底坑地面应为≯300mm,安全栅栏的顶部距底坑地面应为1700mm,一般用扁钢制作,见图 6.5.2.7。

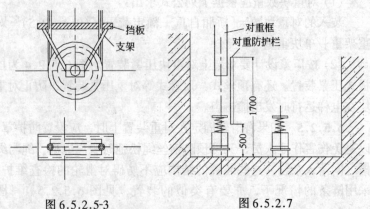

图 6.5.2.5-3 图 6.5.2.7

6.5.2.8 装有多台电梯的井道内各台电梯的底坑之间应设置最低点离底坑地面≯0.3m,且至少延伸到最低层站楼面以上2.5m的隔障,在隔障宽度方向上隔障与井道壁之间的间隙不应大于150mm。

6.5.2.9 对重下撞板处应加装补偿墩2~3个,当电梯的曳引绳伸长时,以使调整其缓冲距离符合规范要求。

6.5.3 质量记录

本工序完成后,填写质量记录,见附表七。

6.6 轿厢安装工艺

6.6.1 工艺流程

准备工作 → 安装底梁 → 安装立柱 → 安装上梁 → 组装底盘 → 安装导靴 → 安装轿壁 → 安装轿门 → 安装轿顶 → 安装限位开关 → 安装超载、满载开关

6.6.2 操作工艺

6.6.2.1 准备工作

(1) 在顶层厅门口对面的混凝土井道壁相应位置上安装两个角钢托架(用 100mm×100mm 角钢),每个托架用三个 $\phi 16$ 膨胀螺栓固定。

在厅门口牛腿处横放一根木方,在角钢托架和横木上架设两根 200mm×200mm 木方(或两根 20 号工字钢)。两横梁的水平度偏差不大 2‰,然后把木方端部固定,见图 6.6.2.1-1。

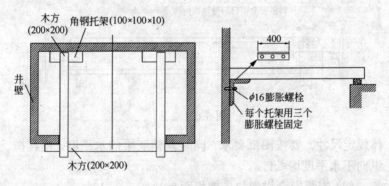

图 6.6.2.1-1

大型客梯及货梯应根据梯井尺寸计算,来确定方木及型钢尺寸、型号。

(2) 若井壁为砖结构,则在厅门口对面的井壁相应的位置上剔两个与木方大小相适应、深度超过墙体中心 20mm 且不小于

43

75mm 的洞,用以支撑木方一端见图 6.6.2.1-2。

(3) 在机房承重钢梁上相应位置(若承重钢梁在楼板下,则轿厢绳孔旁)横向固定一根直径不小于 $\phi 50mm$ 圆钢或规格 $\phi 75 \times 4mm$ 的钢管,由轿厢中心绳孔处放下钢丝绳扣(不小于 $\phi 13mm$),并挂一个 3t 倒链葫芦,以备安装轿厢使用,见图 6.6.2.1-3。

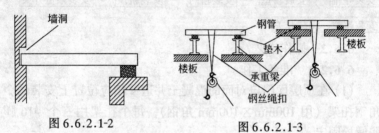

图 6.6.2.1-2   图 6.6.2.1-3

6.6.2.2 安装底梁

(1) 将底梁放在架设好的木方或工字钢上。调整安全钳口(老虎嘴)与导轨面间隙,见图 6.6.2.2-1,如电梯厂图纸有具

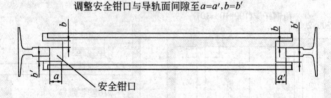

图 6.6.2.2-1

体规定尺寸,要按图纸要求,同时调整底梁的水平度,使其横、纵向不水平度均≤1‰。

(2) 安装安全钳楔块,楔齿距导轨侧工作面的距离调整到 3~4mm(安装说明书有规定者按规定执行),且四个楔块距导轨侧工作面间隙应一致,然后用厚垫片塞于导轨侧面与楔块之间,使其固定,见图 6.6.2.2-2,同时把老虎

图 6.6.2.2-2

嘴和导轨端面用木楔塞紧。

6.6.2.3 安装立柱

将立柱与底梁连接，连接后应使立柱垂直，其不铅垂度在整个高度上≤1.5mm，不得有扭曲，若达不到要求则用垫片进行调整，图6.6.2.3。安装立柱时应使其自然垂直，达不到要求时，要在上、下梁和立柱间加垫片。进行调整，不可强行安装。

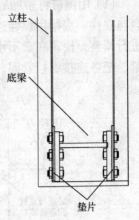

图6.6.2.3

6.6.2.4 安装上梁

(1) 用倒链将上梁吊起与立柱相连接，装上所有的连接螺栓。

(2) 调整上梁的横、纵向水平度，使不水平度≤0.5‰，同时再次校正立柱不垂直度不大于1.5mm。装配后的轿厢架不应有扭曲应力存在，然后分别紧固连接螺栓。

(3) 上梁带有绳轮时，要调整绳轮与上梁间隙，a、b、c、d相等，其相互尺寸误差≤1mm，绳轮自身垂直偏差≤0.5mm，见图6.6.2.4。

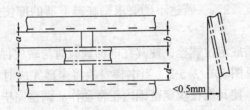

图6.6.2.4

(4) 轿顶轮的防跳挡绳装置，应设置防护罩，以避免伤害作业人员，又可预防钢丝绳松弛时脱离绳槽、绳与绳槽之间落入杂物。这些装置的结构应不妨碍对滑轮的检查维护。采用链条的情况下，亦要有类似的装置。

6.6.2.5 装轿厢底盘

(1) 用倒链将轿厢底盘吊起，然后放于相应位置。将轿厢底盘与立柱、底梁用螺栓连接但不要把螺栓拧紧。装上斜拉杆，并进行调整，使轿底盘不水平度≤2‰，然后将斜拉杆用双螺母拧紧，把各连接螺栓紧固，见图6.6.2.5-1。

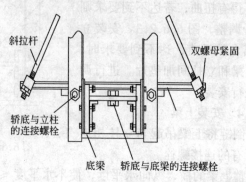

图6.6.2.5-1

(2) 若轿底为活动结构时，先按上述要求将轿厢底盘托架安装调好，并将减振器及称重装置安装在轿厢底盘托架上。

(3) 用倒链将轿厢底盘吊起，缓缓就位。使减震器上的螺栓逐个插入轿底盘相应的螺栓孔中，然后调整轿底盘的水平度，使其不水平度≤2‰。若达不到要求则在减震器的部位加垫片进行调整。

调整轿底定位螺栓，使其在电梯满载时与轿底保持1~2mm的间隙，见图6.6.2.5-2。当电梯安装将全部完成时，通过调整称重装置，使其能在规定范围内正常动作。调整完毕，将各连接

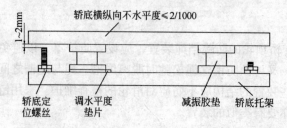

图6.6.2.5-2

螺栓拧紧。

(4) 安装调整安全钳拉杆，拉起安全钳拉杆，使安全钳楔块轻轻接触导轨时，限位螺栓应略有间隙，以保证电梯正常运行时，安全钳楔块与导轨不致相互磨擦或误动作。同时，应进行模拟动作试验，保证左右安全钳拉杆动作同步，其动作应灵活无阻。达到要求后，拉杆顶部用双母紧固。

(5) 轿厢底盘调整水平后，轿厢底盘与底盘座之间，底盘座与下梁之间的各连接处都要接触严密，若有缝隙要用垫片垫实，不可使斜拉杆过分受力。

6.6.2.6 安装导靴

(1) 要求上、下导靴中心与安全钳中心三点在同一条垂线上，不能有歪斜、偏扭现象，见图6.6.2.6-1。

(2) 固定式导靴要调整其间隙一致，内衬与导轨两工作侧面间隙要厂家说明书规定的尺寸调整，与导轨端面间隙偏差要控制在0.3mm以内。

(3) 弹簧式导靴应随电梯的额定载重量不同而调整 b 尺寸（表6.6.2.6 和图6.6.2.6-2，使内部弹簧受力相同，保持轿厢平衡，调整 $a = b = 2$ mm。

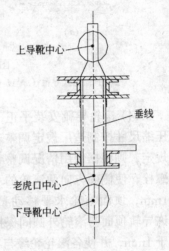

图6.6.2.6-1

b 尺寸的调整　　　　表6.6.2.6

电梯额定载重量（kg）	b（mm）	电梯额定载重量（kg）	b（mm）
500	42	1500	25
700	34	2000～3000	23
1000	30	5000	20

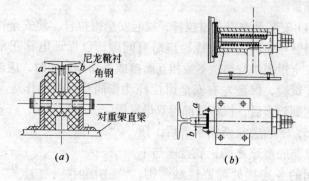

图 6.6.2.6-2
（a）固定式导靴（a 与 b 偏差 <0.3mm）；（b）弹簧滑动导靴

（4）滚轮导靴安装平正，两侧滚轮对导轨的初压力应相同，压缩尺寸按制造厂规定调整若厂家无明确规定，则根据使用情况调整各滚轮的限位螺栓，使侧面方向两滚轮的水平移动量为 1mm，顶面滚轮水平移动量为 2mm。允许导轨顶面与滚轮外圆间保持间隙值不大于 1mm，并使各滚轮轮缘与导轨工作面保持相互平行无歪斜，图 6.6.2.6-3。

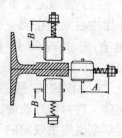

图 6.6.2.6-3

（5）轿厢组装完成后，松开导靴（尤其是滚轮导靴），此时轿厢不能在自由悬垂情况下偏移过多，否则造成导靴受力不均匀。偏移过大时，应调整轿厢底的补偿块，使轿厢静平衡符合设计要求，然后再装回导靴，轿厢安装完毕。

6.6.2.7 安装轿壁

（1）轿厢壁板表面在出厂时贴有保护膜，在装配前应用裁纸刀清除其折弯部分的保护膜。

（2）拼装轿壁可根据井道内轿厢四周的净空尺寸情况，预先在层门口将单块轿壁组装成几大块，首先安放轿壁与井道间隙最小的一侧，并用螺栓与轿厢底盘初步固定，再依次安装其他各侧轿壁。待轿壁全部装完后，紧固轿壁板间及轿底间的固定螺栓，同时将各轿壁板间的嵌条和与轿顶接触的上平面整平。

(3) 轿壁底座和轿厢底盘的连接及轿壁与轿壁底座之间的连接要紧密。各连接螺丝要加弹簧垫圈(以防因电梯的振动而使连接螺丝松动)。

若因轿厢底盘局部不平而使轿壁底座下有缝隙时,要在缝隙处加调整垫片垫实,图 6.6.2.7。

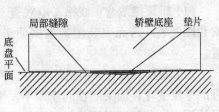

图 6.6.2.7

(4) 安装轿壁,可逐扇安装,亦可根据情况将几扇先拼在一起再安装。轿壁安装后再安装轿顶。但要注意轿顶和轿壁穿好连接螺丝后不要紧固。要在调整轿壁垂直度偏差不大于 1/1000 的情况下逐个将螺丝紧固。

安装完后要求接缝紧密,间隙一致,嵌条整齐,轿厢内壁应平整一致,各部位螺丝垫圈必须齐全,紧固牢靠。

6.6.2.8 安装轿门

(1) 轿门门机安装于轿顶,轿门导轨应保持水平,轿门门板通过 M10 螺栓固定于门挂板上。门板垂直度小于 1mm。轿门门板用连接螺栓与门导轨上的挂板连接,调整门板的垂直度使门板下端与地坎的门导靴相配合。

(2) 安全触板安装后要进行调整,使之垂直。轿门全部打开后安全触板端面和轿门端面应在同一垂直平面上,图 6.6.2.8。安全触板的动作应灵活,功能可靠。其碰撞力不大于 5N。在关门行程 1/3 之后,阻止关门的力不应超过 150N。

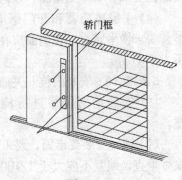

图 6.6.2.8

(3)在轿门扇和开关门机构安装调整完毕，安装开门刀。开门刀端面和侧面的垂直偏差全长均不大于0.5mm，并且达到厂家规定的其他要求。

6.6.2.9 安装轿顶装置

（1）轿顶接线盒、线槽、电线管、安全保护开关等要按厂家安装图安装。若无安装图则根据便于安装和维修的原则进行布置。

（2）安装、调整开门机构和传动机构使门在启闭过程中有合理的速度变化，而又能在起止端不发生冲击，并符合厂家的有关设计要求。若厂家无明确规定则按其传动灵活、功能可靠、开关门效率高的原则进行调整。一般开关门的平均速度为0.3m/s，关门时限3.0~5.0m/s，开门时限2.5~4.0s。

1）轿顶上需能承受两个人同时上去工作，其构造必须达到在任何位置能承受2kN的垂直力而无永久变形的要求。因此除尺寸很小的轿厢可做成框架形整体轿顶外，一般电梯均分成若干块形成独立的框架构件拼接而成。

2）先将轿顶组装好用吊索悬挂在轿厢架下梁下方，作临时固定。待轿壁全部装好后再将轿顶放下，并按设计要求与轿厢壁定位固定。

（3）轿顶护身栏固定在轿厢架的上梁上，由角钢组成，各连接螺栓要加弹簧垫圈紧固，以防松动。

（4）平层感应器和开门感应器要根据感应铁的位置定位调整，要求横平竖直，各侧面应在同一垂直平面上，其垂直度偏差不大于1mm。

6.6.2.10 安装限位开关撞弓

（1）安装前对撞弓进行检查，若有扭曲、弯曲现象要调整。

（2）撞弓安装要牢固，要采用加弹簧垫圈的螺栓固定。要求撞弓垂直，偏差不应大于1/1000，最大偏差不大于3mm（撞弓的斜面除外）。

6.6.2.11 安装、调整超载满载开关

(1)对超载、满载开关进行检查,其动作应灵活,功能可靠,安装要牢固。

(2)调整满载开关,应在轿厢额定载重量时可靠动作。调整超载开关,应在轿厢的额定载重量110%时可靠动作。

6.6.2.12 安装护脚板

(1)轿厢地坎均须装设护脚板。护脚板为1.5mm厚的钢板,其宽度等于相应层站入口净宽,该板垂直部分的高度不小于750mm,并向下延伸一个斜面,与水平面夹角应大于60°,该斜面在水平面上的投影深度不得小于20mm,见图6.6.2.12。

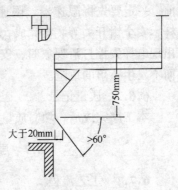

图6.6.2.12

(2)护脚板的安装应垂直、平整、光滑、牢固。必要时增加固定支撑,以保证电梯运行时不颤抖,防止与其他部件摩擦撞击。

6.6.2.13 轿厢其他部件安装。轿厢内设有扶手、整容镜、灯具、风扇、电话、广播、应急灯、电视摄像等装置时,可根据各自的位置进行安装。

6.6.2.14 在安装轿厢过程中,如需将轿厢整体吊起后用倒链悬空或停滞较长时期,这是很不安全的。正确的做法是用两根钢丝绳作保险用,这种钢丝绳应做有绳头,使用时配以卸扣,使轿厢重量完全由两根保险钢丝绳承载,这时应松去倒链的链条,使倒链完全呈现不承担载荷的状态。

6.6.2.15 吊轿厢用的吊索钢丝绳与钢丝绳轧头的规格必须互相匹配,轧头压板应装在钢丝绳受力的一边,对$\phi 16mm$以下的钢丝绳,所使用的钢丝绳轧头应不少于3只,被夹绳的长度应大于钢丝绳直径的15倍,且最短长度不小于300mm,每个轧头

间的间距应大于钢丝绳直径的6倍。而且只准将两根相同规格的钢丝绳用轧头轧住；严禁3根或不同规格的钢丝绳用轧头轧在一起。

6.6.2.16 在轿厢对重全部装好，并用曳引钢丝绳挂在曳引轮上，将要拆除上端站所架设的支承轿厢的横梁和对重的支撑之前，一定要先将限速器、限速器钢丝绳、张紧装置、安全钳拉杆、安全钳开关等装接完成，才能拆除支承横梁，这样做，万一出现电梯失控打滑现象时，安全钳起作用将轿厢轧住在导轨上，而不发生坠落的危险。

6.6.3 质量记录

本工序完成后，填写质量记录，见附表八。

6.7 层门安装工艺

6.7.1 工艺流程

安装地坎 → 安装门立柱、层门导轨、门套 → 层门安装 → 门锁安装

6.7.2 操作工艺

6.7.2.1 地坎安装

(1) 按要求由样板放两根层门安装基准线，基准线与地坎中点对称。地坎安装前，先在各层门地坎上划出净口宽度线及层门中心线，在相应的位置打上三个窝点，以基准线及此标志确定地坎、牛腿及牛腿支架的安装位置，图6.7.2.1-1。

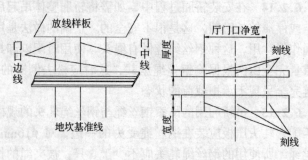

图 6.7.2.1-1

(2) 在预埋铁件上焊支架，安装钢牛腿来稳固地坎：

1) 电梯额定载重量在 1000kg 及以下的各类电梯，可用不小于 65mm 等边角钢做支架，进行焊接，并稳装地坎，见图 6.7.2.1-2。牛腿支架不少于 3 个，一般应使用厂家随产品配发的钢牛腿部件。

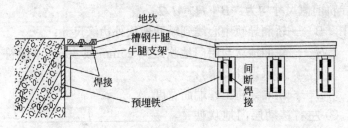

图 6.7.2.1-2

2) 电梯额定载重量在 1000kg 以上的各类电梯（不包括 1000kg）可采用 10mm 厚的钢板及槽钢制作牛腿支架，进行焊接，牛腿支架不少于 5 个，见图 6.7.2.1-3。

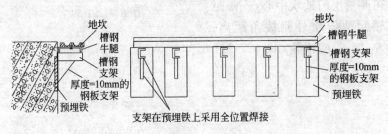

图 6.7.2.1-3

3) 电梯额定载重量在 1000kg 以下（包括 1000kg）的各类电梯，若层门地坎处既无混凝土牛腿又无预埋铁，可采用 M14 以上的膨胀螺栓固定牛腿支架，进行稳装地坎，见图 6.7.2.1-4。

4) 对于高层电梯，为防止由于基准线被碰造成误差，可以先安装和调

图 6.7.2.1-4

整好导轨。然后以轿厢导轨为基准来确定地坎的安装位置。方法如下：

① 在层门地坎中心点 M 两侧的 $(1/2) L$ 处 M_1 及 M_2 点分别做上标记（L 是轿厢导轨间距）。

② 稳装地坎时，用直角尺测量尺寸，使层门地坎距离轿厢两导轨前侧尺寸均为：$B + H - d/2$。

式中　B——轿厢导轨中心线到轿厢地坎外边缘尺寸；

　　　H——轿厢地坎与层门地坎距离 25mm 或 30mm（应符合厂家设计要求）；

　　　d——轿厢导轨工作端面宽度。

③ 左右移动层门地坎使 M_1、M_2 与直角尺的外角对齐，这样地坎的位置就确定了，见图 6.7.2.1-5。但为了复核层门中心点是否正确，可测量层门地坎中心点 M 距轿厢两导轨外侧棱角距离，S_1 与 S_2 应相等，图 6.7.2.1-6。

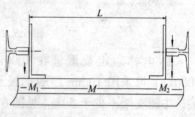

图 6.7.2.1-5

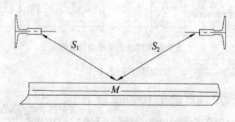

图 6.7.2.1-6

6.7.2.2　安装门柱、层门导轨、门套

（1）砖墙采用剔墙洞埋注地脚螺栓，见图 6.7.2.2-1。

（2）混凝土结构墙若有预埋铁，可将固定螺栓直接焊于预埋铁上，见图 6.7.2.2-2。

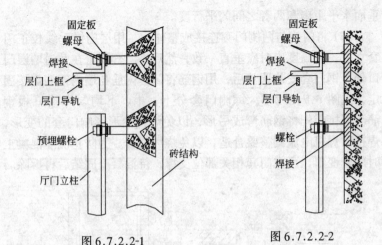

图 6.7.2.2-1   图 6.7.2.2-2

(3) 混凝土结构墙若没有预埋铁，可在相应的位置用 M12 膨胀螺栓、2 块 150×100×10（mm）的钢板作为预埋铁使用，见图 6.7.2.2-3。

(4) 若门导轨、门立柱离墙超过 30mm 应加垫圈固定。若垫圈较高宜采用厚铁管两端加焊铁板的方法加工制成，以保证其牢固，图 6.7.2.2-4。

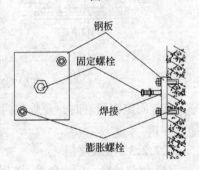

图 6.7.2.2-3

(5) 用水平尺测量门滑道安装是否水平。如侧开门，两根滑道上端面应在同一水平面上，并用线坠检查上滑道与地坎槽两

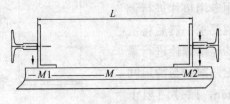

图 6.7.2.2-4

垂面水平距离和两者之间的平行度。

（6）将门头与两侧门套连接成整体后，用层门铅垂线校正门套立柱，全高度应对应垂直一致，然后将门套固定在井道墙层门口处。钢门套安装调整后，用钢筋将门套内筋与墙内钢筋焊接固定，见图6.7.2.2-5，每侧门套分上、中、下均匀焊接三根钢筋。焊接前先将钢筋弯成弓形，以免焊接变形影响门套的变形，焊接时焊机电流调整要合适，以免烧坏门套。为防止浇灌混凝土时门套变形，可在门套相关部位支撑，待混凝土固结后再拆除。

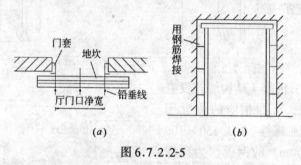

图6.7.2.2-5

（7）固定钢门套时，要焊在门套的加强筋上，不可在门套上随意焊接。

6.7.2.3 安装层门

（1）将门导靴、门滑轮装在门扇上，把偏心轮调到最大值（和层门导轨距离最大），然后将门导靴放入地坎槽，门轮挂到层门导轨上。

（2）在门扇和地坎间垫上6mm厚的支撑物。门滑轮架和门扇之间用专用垫片进行调整，使之达到要求，然后将滑轮架与门扇的连接螺栓进行紧固，将偏心轮调回到与滑道间距小于0.5mm，撤掉门扇下垫的物件，进行门滑行试验，

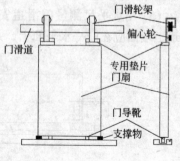

图6.7.2.3-1

达到轻快自如为合格,见图 6.7.2.3-1。

(3) 层门进口宽度在轿厢进口方向的任何一侧,均不应大于 50mm,产品设计若有要求则按设计要求,见图 6.7.2.3-2。

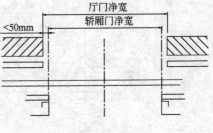

图 6.7.2.3-2

6.7.2.4 门锁安装

(1) 安装前应对锁钩、锁臂、滚轮、弹簧等按要求进行调整,使其灵活可靠。

(2) 门锁和门安全开关要按图纸规定的位置进行安装。若设备上安装螺孔不符合图纸要求要进行修改。

(3) 调整层门门锁和门安全开关,使其达到:锁钩必须动作灵活,在证实锁紧的电气安全装置动作之前,锁紧元件的最小啮合长度为 7mm。

如门锁固定螺孔为可调者,门锁安装调整就位后,必须加定位螺栓,防止门锁移位。

(4) 当轿门与层门联动时,钩子锁应无脱钩及夹刀现象,在开关门时应运行平稳,无抖动和撞击声。

(5) 在门扇装完后,应将强迫关门装置装上,使层门处于关闭状态。厅门应具有自闭能力,被打开的层门在无外力作用时,层门应能自动关闭,以确保层门口的安全。

(6) 层门手动紧急开锁装置应灵活可靠,每个层门均应设置,见图 6.7.2.4。

(7) 凡是需埋入混凝土中的部件,一定要经有关部门检查办理隐蔽工程手续后,才能浇灌混凝土。不准在空心砖或泡沫砖墙上用灌注混凝土方法固定。

(8) 厅门各部件若有损坏、变形的,要及时修理或更换,合格后方可使用。

(9) 厅门与井道固定的可调式连接件,在厅门调好后,应将

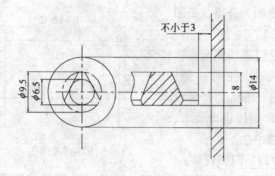

图 6.7.2.4

连接件长孔处的垫圈点焊固定,以防位移。

6.7.2.5 层门地坎下的防护

(1) 层门地坎下为钢牛腿时,应装设1.5mm厚的钢护脚板,钢板的宽度应比层门口宽度两边各延伸25mm,垂直面的高度不小于350mm,下边应向下延伸一个斜面,使斜面与水平面的夹角不得小于60°,其投影深度不小于20mm,见图6.7.2.5。

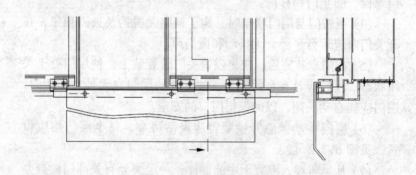

图 6.7.2.5

(2) 如楼层较低时,护脚板可与下一个层门的门楣连接,并应平整光滑。

6.7.3 质量记录

安装完毕后，应将本工序的质量数据填写在层门安装质量记录表上，见附表九。

6.8 井道机械设备安装工艺

6.8.1 工艺流程

安装缓冲器底座 → 安装缓冲器 → 安装限速器张紧装置、装限速绳 → 安装补偿链或补偿绳装置

6.8.2 操作工艺

6.8.2.1 安装缓冲器底座首先测量底坑深度，按缓冲器数量全面考虑布置，检查缓冲器底座与缓冲器是否配套，并进行试组装，确立其高度，无问题时方可将缓冲器安装在导轨底座上。对于没有导轨底座时，可采用混凝土基座或加工型钢基座。如采用混凝土底座，则必须保证不破坏井道底的防水层，避免渗水后患，且需采取措施，使混凝土底座与井道底连成一体。

6.8.2.2 安装缓冲器

（1）安装时，缓冲器的中心位置、垂直偏差、水平度偏差等指标要同时考虑。确定缓冲器中心位置：在轿厢（或对重）撞板中心放一线坠，移动缓冲器，使其中心对准线坠来确定缓冲器的位置，两者在任何方向的偏移不得超过20mm，见图6.8.2.2-1。

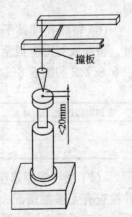

图6.8.2.2-1

（2）用水平尺测量缓冲器顶面，要求其水平误差<2‰，见图6.8.2.2-2。

（3）如作用于轿厢（或对重）的缓冲器由两个组成一套时，两个缓冲器顶面应在一个水平面上，相差不应大于2mm，见图6.8.2.2-3。

（4）液压缓冲器的活塞柱垂直度：其 a 和 b 的差不得大于1mm，测量时应在相差90°的两个方向进行，见图6.8.2.2-4。

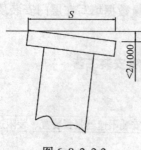
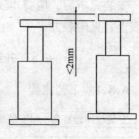

图 6.8.2.2-2　　　　　图 6.8.2.2-3

(5) 缓冲器底座必须按要求安装在混凝土或型钢基础上，接触面必须平正严实，如采用金属垫片找平，其面积不小于底座的 1/2。地脚螺栓应紧固，丝扣要露出 3～5 扣，螺母加弹簧垫或用双螺母紧固。

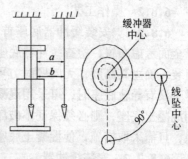

图 6.8.2.2-4

(6) 轿厢在端站平层位置时，轿厢或对重撞板至缓冲器上平面的距离 S 称越程距离，见表 6.8.2.2 和图 6.8.2.2-5。

轿厢、对重越程距离　　　　　　表 6.8.2.2

电梯额定速度（m/s）	缓冲器型式	越程（mm）
≤1	蓄能缓冲器	200～350
≥1.0	耗能缓冲器	150～400

(7) 油压缓冲器在使用前一定要按要求加油，油路应畅通，并检查有无渗油情况，油号应符合产品要求，以保证其功能可靠。还应设置在缓冲器被压缩而未复位时使电梯不能运行的电气安全开关。

6.8.2.3　安装限速绳张紧装置及限速绳、限速器

(1) 安装限速绳张紧装置，其底部距底坑平面距离可根据表 6.8.2.3 确定。

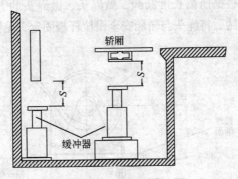

图 6.8.2.2-5

表 6.8.2.3 张紧装置底部距底坑地面距离

电梯额定速度（m/s）	≥2	1.5～1.75	0.25～1
距底坑尺寸（mm）	750±50	550±50	400±50

（2）根据表 6.8.2.3 规定及安装图尺寸安装张紧装置。由轿厢拉杆下绳头中心向其对应的张紧轮绳槽中心点 a 吊一垂线 A，见图 6.8.2.3-1，同时由限速器绳槽中心向张紧轮另一端绳槽中心 b 吊垂线 B，调整张紧轮位置，使垂线 A 与其对应中心点 a 误差小于 5mm，使垂线 B 与其对应中心点 b 误差小于 10mm。

（3）直接把限速绳挂在限速轮和张紧轮上

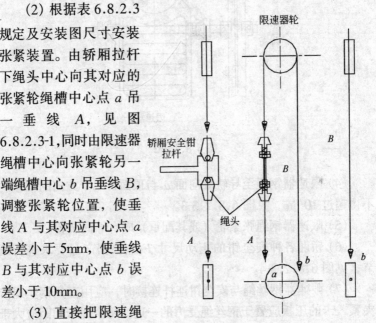

图 6.8.2.3-1

进行测量,根据所需长度断绳,做绳头、做绳头的方法与主钢绳绳头相同,然后将绳头与轿厢安全钳拉杆板固定,见图6.8.2.3-2。

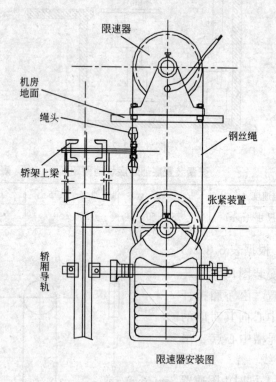

限速器安装图

图 6.8.2.3-2

(4) 限速器钢绳至导轨导向面 a 与顶面 b 二个方向的偏差均不得超过 10mm,见图 6.8.2.3-3。

(5) 限速器钢绳张紧轮(或其配重)应有导向装置。

(6) 轿厢各种安全钳的止动尺寸 F 应根据产品要求进行调节,见图 6.8.2.3-4。

(7) 限速器钢丝绳与安全钳连杆连接时,应用三只钢丝绳卡夹紧,卡的压板应置于钢丝绳受力的一边。每个绳卡间距应大于 $6d$(d 为限速器绳直径),限速器绳短头端应用镀锌铁丝加以扎结,见图6.8.2.3-5。

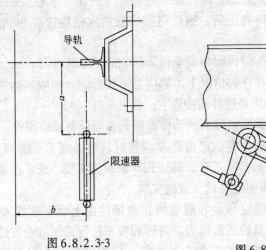

图6.8.2.3-3   图6.8.2.3-4

(8) 限速器绳要无断丝、锈蚀、油污或死弯现象,限速器强径要与夹强制动块间距相对应。

6.8.2.4 安装限速器

(1) 限速器应装在井道顶部缓冲层的承重梁上,限速器也可通过在其底座设一块钢板为基础板,固定在承重钢梁上,基础钢板与限速器底座用螺栓固定;该钢板与承重钢梁可用螺栓或焊接定位。

(2) 根据安装图所给坐标位置,由限速器轮槽中心向轿厢拉杆上绳头中心吊一垂线,同时由限速轮另一边绳槽中心直接向张紧轮相应的绳槽中心吊一垂线,调整限速器位置,使上述两对中心在相应的垂线上,位置即可确定。然后在机房楼

图6.8.2.3-5

板对应位置打上膨胀螺栓,将限速器就位,再一次进行调整,使限速器位置和底座的水平度都符合要求,然后将膨胀螺栓紧固。

(3) 限速轮的垂直误差不得大于0.5mm,可在限速器底面

与底座间加垫片进行调整。

（4）限速器就位后，绳孔要求穿导管（钢管）固定，并高出楼板 50mm，同时找正后，钢丝绳和导管的内壁均应有 5mm 以上间隙。

（5）限速器上应标明与安全钳动作相应的旋转方向。

（6）限速器在任何情况下，都应是可接近的。若限速器装于井道内，则应能从井道外面接近它。

（7）查验限速器铭牌上的动作速度是否与设备要求相符。

（8）限速器的整定值已由厂家调整好，现场施工不能调整。若机件有损坏或运行不正常，需送到厂家检验调整，或者换新。

6.8.2.5　曳引绳补偿装置的安装

（1）先将补偿链靠近井道里侧拐角部位由上而下悬挂 48h，以消除补偿链自身的扭曲应力，将轿厢慢车运行到底坑上方适当位置，必须严格按图 6.8.2.5-1 执行，仔细安装齐全以保证安全。

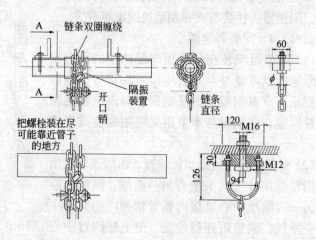

图 6.8.2.5-1

（2）补偿链在对重上的安装及固定。补偿链在轿厢上安装固定完毕校核无误以后，将轿厢慢车运行到最高层楼，使补偿链低端离开底坑地面后，自然悬挂松劲后，在对重上进行安装固定，见图6.8.2.5-2，如果试运行时发现补偿链扭曲应力未完全消除，在轿底可悬挂可转轴心装置，消除扭曲应力。

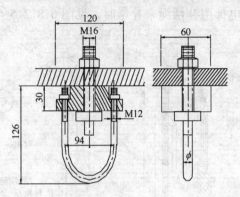

图6.8.2.5-2

当电梯轿厢在最高位置时补偿链距离底坑地面距离要求在100mm以上。补偿链不允许与其他部件相碰撞，以免发生响声，图6.8.2.5-3。

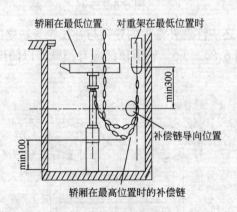

图6.8.2.5-3

(3) 补偿链的各链环开口必须焊牢。安装后应串绕旗绳或涂消音油，也可用有塑料套的防音链，以减少运行时发出的噪音。

（4）补偿链与随行电缆在轿底的固定位置要考虑到它们的重量平衡，以减轻靴衬与导轨的摩损。

（5）若电梯用补偿绳来补偿时，见图6.8.2.5-4，除按施工

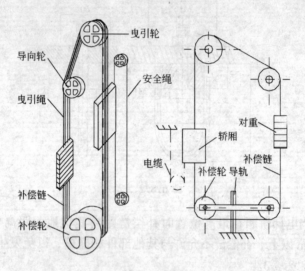

图6.8.2.5-4

图施工外，还应注意补偿轮的导靴与补偿轮导轨之间间隙为1~2mm，见图6.8.2.5-5。轨道顶部应有挡铁，以防电梯突然停止

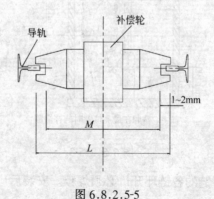

图6.8.2.5-5

时补偿轮脱出导轨。导轨上下端的限位开关安装应牢固，位置应正确，以保证补偿轮在非正常位置时，电梯停止运行，确保安全。

补偿绳轮应设置防护装置以避免人身伤害、异物进入绳与绳槽之间、钢丝绳松弛时而脱离绳槽，该防护装置不得妨碍对补偿绳轮的检查和维修。

补偿绳应选用不易松散和扭转的交互捻钢丝绳，如用同向捻钢丝绳时，容易产生扭转和打结。

6.8.3 质量记录

井道机械设备质量记录表见附表十。

6.9 钢丝绳安装工艺

6.9.1 工艺流程

（1）单绕式工艺流程：

测量钢丝绳长度→断钢丝绳→做绳头、挂钢丝绳→调整钢丝绳

（2）复绕式工艺流程：

测量钢丝绳长度→断钢丝绳→挂钢丝绳、做绳头→安装绳头→调整钢丝绳

6.9.2 操作工艺

6.9.2.1 确定钢丝绳长度

轿厢组装完毕停在最高层平层位置时，而对重底面与缓冲器顶面恰好等于 S_2 为准，见图6.9.2.1。同时必须对轿厢和对重的上缓冲量及空程量进行核对，而且在上缓冲量及空程符合要求的前提下 S_2 应取最大值。为减少测量误差，测量绳长时宜用截面为 $2.5mm^2$ 以上的铜线进行，在轿厢及对重上各装好一个绳头装置，其双螺母位置以刚好能装入开口销为准，长度计算如下：

单绕式电梯　　　　　$L = X + 2Z + Q$

复绕式电梯　　　　　$L = X + 2Z + 2Q$

式中　X——由轿厢绳头锥体出口处至对重绳头出口处的长度；

Z——钢丝绳在锥体内的长度（包括钢丝绳在绳头锥套内回弯部分）；
Q——为轿厢在顶层安装时垫起的高度；
L——总长度。

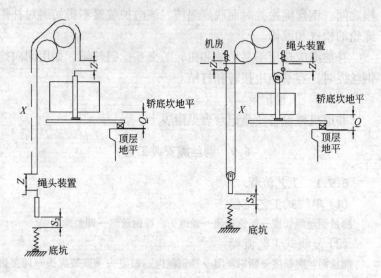

图 6.9.2.1

6.9.2.2 断钢丝绳

在清洁宽敞的地方放开钢丝绳，检查钢丝绳应无死弯、锈蚀、断丝情况。按上述方法确定钢丝绳长度后，从距剁口两端 5mm 处将钢丝绳用 $\phi 0.7 \sim 1$ mm 的铅丝绑扎成 15mm 的宽度，然后留出钢丝绳在锥体内长度 Z，再按要求进行绑扎，然后用钢凿、砂轮切割机、钢绳剪刀等工具切断钢丝绳，见图 6.9.2.2-1、图 6.9.2.2-2。

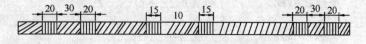

图 6.9.2.2-1

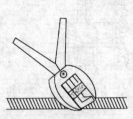

截断钢丝绳的方法

图 6.9.2.2-2

6.9.2.3 做绳头、挂钢丝绳

绳头做法可采用金属或树脂充填的绳套、自锁紧楔形绳套、至少带有三个合适绳夹的鸡心环套、带绳孔的金属吊杆等，见图 6.9.2.3-1。

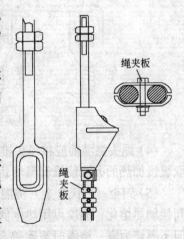

图 6.9.2.3-1

（1）在做绳头、挂绳之前，应先将钢丝绳放开，使之自由悬垂于井道内，消除内应力。挂绳之前若发现钢丝绳上油污、渣土较多，可用棉丝浸上煤油，拧干后对钢丝绳进行擦拭，禁止对钢丝绳直接进行清洗，防止润滑脂被洗掉。

（2）单绕式电梯先做绳头后挂钢丝绳。复绕式电梯由于绳头穿过复绕轮比较困难，所以要先挂绳后做绳头。或先做好一侧的绳头，待挂好钢丝绳后再做另一侧绳头。

（3）将钢丝绳断开后，穿入锥体，将剁口处绑扎铅丝拆去，松开绳股、除去麻芯，用汽油将绳股清洗干净，按要求尺寸弯回头，将弯好的绳股用力拉入锥套内，将浇口处用水泥袋包扎好，下口用棉丝扎严,操作顺序见图6.9.2.3-2。

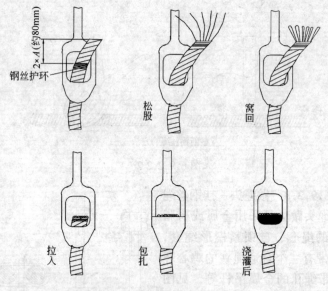

图6.9.2.3-2

（4）绳头浇灌前应将绳头锥套内部油质杂物清洗干净,应采取缓慢加热的办法使锥套温度达到100℃左右,再行浇灌。

（5）钨金（巴氏合金）浇灌温度270～350℃为宜,钨金采取间接加热熔化,温度可用热电偶测量或当放入水泥袋纸立即焦黑但不燃烧为宜。浇灌时清除钨金表面杂质,浇灌必须一次完成,浇灌时轻击绳头,使钨金灌实,灌后冷却前不可移动。

（6）自锁紧楔形绳套。该绳头不用巴氏合金,使安装绳头的操作更为方便和安全,见图6.9.2.3-3。

1）将钢绳比充填绳套法多300mm长度断绳,把钢绳向下穿出绳头直、回弯,留出足以装入楔块的弧度后再从绳头套前端穿出,图6.9.2.3-3（a）、（b）。

2）把楔块放入绳弧处,一只手向下拉紧钢绳,同时另一只手拉住绳端用力上提使钢绳和楔块卡在绳套内,见图6.9.2.3-3（c）。

3) 全部绳头装好后,使轿厢和对重的重量全加上。此时钢绳和楔块将升高25mm左右,这时再装上钢绳卡,以防止在轿厢或对重撞击缓冲器时楔块从绳套中脱出,见图6.9.2.3-3（d）。

4) 调整钢绳拉力时应在绳套内两钢绳之间插入一个销轴,用榔头轻敲销轴顶部,使楔块下滑,直至钢绳滑出。在每个过紧的绳头上重复上述做法,直至各钢绳张力相等,见图6.9.2.3-3（e）。

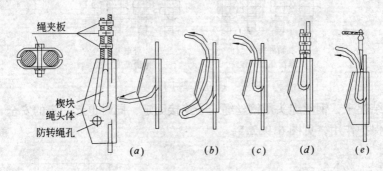

图6.9.2.3-3

(7) 当采用3个合适绳夹的绳头夹板时,应使绳夹间隔不小于钢绳直径的5倍。

6.9.2.4 调整钢丝绳张力有如下两种方法:

(1) 测量调整绳头弹簧高度,使其一致。其高度误差不可大于2mm。采用此法应事先对所有弹簧进行挑选,使同一个绳头板装置上的弹簧高度一致,绳头装置见图6.9.2.4-1。

(2) 用100~150N（10~15kg）的弹簧秤在梯井3/4高度处（人站在轿厢顶上）将各钢丝绳横向拉出同等距离,其相互的张力差不得超过5%,达不到要求时进行调整,见图6.9.2.4-2。

钢丝绳张力调整后,绳头上双螺母必须拧紧,开口销钉穿好劈好尾,绳头紧固后,绳头杆上需留有1/2的调整量。

6.9.2.5 防止钢丝绳旋转措施。为了防止钢丝绳的侧捻（扭松）,必须用φ6或φ8的钢丝绳将各钢丝绳锥套相互之间扎

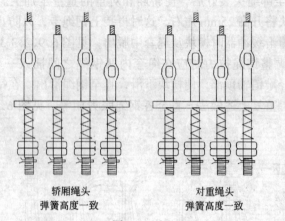

轿厢绳头
弹簧高度一致

对重绳头
弹簧高度一致

图 6.9.2.4-1

结起来,钢丝绳头用钢丝绳卡子连接固定,同时也起一定的安全保护作用,见图 6.9.2.5。

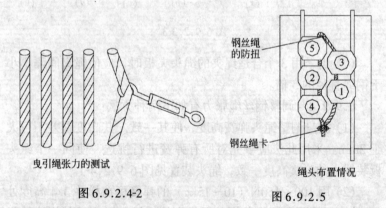

曳引绳张力的测试

图 6.9.2.4-2

绳头布置情况

图 6.9.2.5

6.9.2.6 钢丝绳孔的保护台

为防止从绳孔中坠落物件,需用水泥或 1.5mm 厚的钢板做一保护台,保护台应该高出机房楼板表面 50mm,而且轿厢和对重无论在哪个位置,钢丝绳和保护台内壁之间的间隙均为 20~40mm。

6.9.2.7 复绕式电梯其位于机房或隔音层的绳头板装置,必须安装在承重结构上,不可直接稳装于楼板上(若是加强承重楼板，可直接稳装楼板上）。

6.9.2.8 断绳时不可使用电气焊，以免破坏钢丝绳强度。在作绳头需去掉麻芯时，应用锯条锯断或用刀割断，不得用火烧断。

6.9.2.9 断绳时应注意扣除钢绳悬挂轿厢和对重自重负载会使钢绳产生伸长，这与钢绳的弹性系数、钢丝的截面之和、钢绳长度和钢绳所受载荷有关，一般可按伸长量为钢绳总长度的2‰～4‰计算。

6.9.2.10 安装悬挂钢丝绳前一定要使钢丝绳自然悬垂于井道，消除其内应力。

6.9.2.11 曳引钢绳严禁涂润滑油。

6.9.3 质量记录

浇注绳头时，应事先请业主项目负责人或监理工程师到场确认，并及时填写隐蔽工程检查记录表，见附表十七；钢丝绳安装完毕后填写钢丝绳安装质量记录表，见附表十一。

6.10 电气装置安装工艺

6.10.1 工艺流程

6.10.2 操作工艺

6.10.2.1 安装控制柜

（1）根据机房布置图及现场情况确定控制柜位置。其原则是与门窗、墙的距离不小于600mm，控制柜的维护侧与墙壁的距离不小于600mm，柜的封闭侧不小于50mm，双面维护的控制柜成排安装时，其长度超过 5m，两端宜留出入通道宽度不小于600mm，控制柜与设备的距离不宜小于 500mm。

（2）控制柜的过线盒要按安装图的要求用膨胀螺栓固定在机房地面上。若无控制柜过线盒，则要用 10 号槽钢制作控制柜底座或混凝土底座，底座高度为 50～100mm，见图 6.10.2.1。控制柜与槽钢底座采用镀锌螺栓连接固定，连接螺栓由下向上穿。控制柜与混凝土底座采用地脚螺栓连接固定。控制柜要和槽钢底座、混凝土底座连接固定牢靠，控制柜底座更要与机房地面固定可靠。

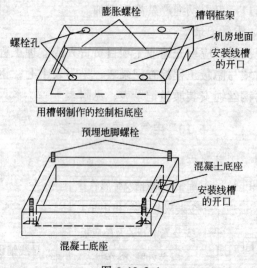

图 6.10.2.1

控制柜底座安装前，应先除锈、刷防锈漆、装饰漆。

（3）多台柜并列安装时，其间应无明显缝隙且柜面应在同一平面上。

6.10.2.2 安装电源配电箱

电源配电箱要安装在机房门口附近，以便于操作，高度距地面 1.3～15m。

6.10.2.3 安装中间接线盒、随缆架和挂随行电缆

(1) 安装中间接线盒。

1) 中间接线盒设在梯井内,其高度按下式确定:高度(最底层厅门地坎至中间接线盒底的垂直距离)=(1/2)电梯行程 + 1500mm + 200mm,见图6.10.2.3-1。若中间接线盒设在夹层或机房内,其高度(盒底)距夹层或机房地面不低于 300mm。若电缆直接进入控制柜时,可不设中间接线盒。

2) 中间接线盒水平位置要根据随缆既不能碰轨道支架又不能碰厅门地坎的要求来确定。若梯井较小,轿门地坎和中间接线盒在水平位置上距离较近时,要统筹计划,其间距不得小于 40mm,见图 6.10.2.3-2。

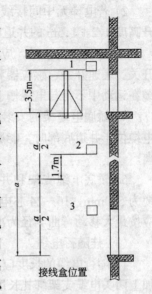

图 6.10.2.3-1

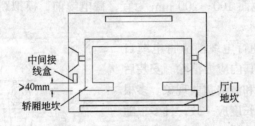

图 6.10.2.3-2

3) 中间接线盒用 $\phi 10$ 膨胀螺栓固定于井道壁上。

(2) 安装随缆架:

1) 在中间接线盒底面下方 200mm 处安装随缆架。固定随缆架要用两个以上不小于 $\phi 16$ 的膨胀螺栓,以保证其牢固,见图 6.10.2.3-3。

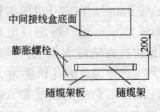

图 6.10.2.3-3

2）若电梯无中间接线盒时，井道随缆架应装在电梯正常提升高度 1/2+1.5m 的井道壁上。

3）随缆架安装时，应使电梯电缆避免与限速器钢绳、限位开关、缓速开关、感应器和对重装置等接触或交叉，保证随行电缆在运动中不得与电线槽、线管、支架等发生碰触及卡阻。

4）轿底电缆架的安装方向应与井道随缆架一致，并使电梯电缆位于井道底部时，能避开缓冲器且保持不小于 200 mm 的距离。

5）轿底电缆支架和井道随缆架的水平距离不小于：8 芯电缆为 500mm，16～24 芯电缆为 800m。如多种规格电缆共用时，应按最大移动弯曲半径为准。

(3) 挂随行电缆

1）随行电缆的长度应根据中线盒及轿厢底接线盒实际位置，加上两头电缆支架绑扎长度及接线余量确定。保证在轿厢蹲底和撞顶时不使随行电缆拉紧，在正常运行时不蹭轿厢和地面，蹲底时随缆距地面 100～200 mm 为宜，截电缆前，模拟蹲底确定其长度为宜。

2）挂随行电缆前应将电缆自由悬垂，使其内应力消除。安装后不应有打结和波浪扭曲现象。多根电缆安装后长度应一致，且多根随缆不宜绑扎成排，以防因电缆伸缩量不同导致电缆受力不均。

3）用塑料绝缘导线（$BV1.5mm^2$）在离开电缆架钢管 100～150mm 处，将随行电缆牢固地绑扎在随缆支架上，其绑扎应均匀、牢固，绑扎长度为 30～70 mm。不允许用铁丝和其他裸导线绑扎，见图 6.10.2.3-4、图

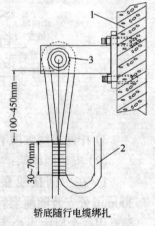

轿底随行电缆绑扎

图 6.10.2.3-4

1—井壁；2—随行电缆；3—电缆架钢管

6.10.2.3-5。

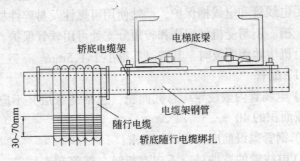

图 6.10.2.3-5

4）扁平型随行电缆可重叠安装，重叠根数不宜超过3根，每两根之间应保持30～50mm的活动间距。扁平型电缆的固定应使用楔形插座或专用卡子，见图6.10.2.3-6、图6.10.2.3-7。

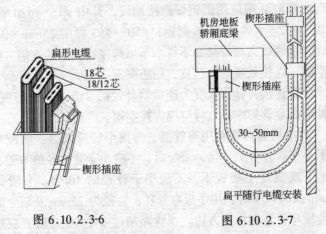

图 6.10.2.3-6　　　　　　图 6.10.2.3-7

5）电缆进入接线盒应留出适当余量，压接牢固，排列整齐。
6）电缆的不运动部分（提升高度1/2+1.5m以上）每个楼层要有一个固定电缆支架，每根电缆要用电缆卡子固定牢固。
7）当随行电缆距导轨支架过近时，为了防止随行电缆损坏，可自底坑向上每个导轨支架外角处至高于井道中部1.5m处采取丝网保护。

6.10.2.4 配管、配线及金属软管：机房和井道内的配线，应使用电线管和电线槽保护，严禁使用可燃性及易碎性材料制成的管、槽。不易受机械损伤和较短分支处可用软管保护。金属电线槽沿机房地面明设时，其壁厚不得小于 1.5mm。

（1）配管

1）电线管内敷设导线总截面积（包括绝缘层）不应超过管内净截面积的 40%。

2）钢管敷设前应符合下列要求：

① 电线管的弯曲处，不应有折皱、凹陷和裂纹等。弯扁程度不大于管外径的 10%，管内无铁屑及毛刺，电线管不允许用电气焊切割，切断口应挫平，管口应倒角光滑。

② 钢管连接

丝扣连接：管端套丝长度不应小于管箍长度的 1/2，钢管连接后在管箍两端应用圆钢焊跨接地线，其中 $\phi15 \sim \phi20$ 管用 $\phi5$ 圆钢，$\phi32 \sim \phi38$ 管用 $\phi6$ 圆钢，$\phi50 \sim \phi63$ 管用 25mm×3mm 扁钢。跨接地线两端焊接面不得小于该跨接线截面的 6 倍。焊缝均匀牢固，焊接处要清除药皮，刷防腐漆。

套管连接：套管长度为连接管外径的 2.5～3 倍，连接管对口处应在套管的中心，焊口应焊接牢固、严密。

③ 电线管拐弯要用弯管器，弯曲半径应符合：明配时，一般不小于管外径的 4 倍，暗配时，不应小于管外径的 6 倍，埋设于地下或混凝土楼板下，不应小于管径的 10 倍。一般管径为 25mm 及其以下时，用手扳弯管器；管径为 25mm 及以上时，使用液压弯管器和加热方法。当管路超过 3 个 90°弯时，应加装接线盒箱。

④ 薄壁铜管（镀锌管）的连接必须用丝扣连接。

3）进入落地配电箱（柜）的电线管路，应排列整齐，管口高于基础面不小于 50mm。

4）明配管需设支架或管卡子固定：竖管每隔 1.5～2m，横管每隔 1～1.5m，拐弯处及出入箱盒两端 150～300mm，每根电线管不少于2个支架或管卡子。不能直接焊在支架或设备上。

5) 钢管进入接线盒及配电箱，暗配管可用焊接固定，管口露出盒（箱）小于5mm，明配经应用锁紧螺母固定，露出锁母的丝扣为2~4扣。管口应光滑，并应装设护口。

6) 钢管与设备连接，要把钢管敷设到设备外壳的进线口内。也可采用以下两种方法：

① 在钢管出线口处加软塑料管引入设备，钢管出线口与设备进线口距离应在200mm以内。

② 设备进线口和管子出线口用配套的金属软管和软管接头连接，软管应在距离进出口100mm以内用管卡固定。

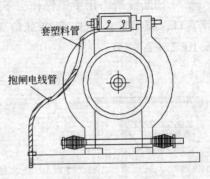

图6.10.2.4-1

7) 设备表面上的明配管或金属软管应随设备外形敷设，以求美观；如抱闸配管，图6.10.2.4-1。

8) 井道内敷设电线管时，各层应装分支接线盒（箱），并根据需要加装接线端子板。

(2) 配线槽

1) 机房配线槽应尽量沿墙、梁或接板下面敷设。电线槽的规格要根据敷设导线的数量决定。电线槽内敷设导线总截面积（包括绝缘层）不应超过线槽总截面积的60%。

2) 敷设电线槽应横平竖直，无扭曲变形，内壁无毛刺，线槽采用射钉和膨胀螺栓固定，每根电线槽固定点应不少于两点。底脚压板螺栓应稳固，露出线槽不大于10mm；安装后其水平和垂直偏差不应大于2‰，全长最大偏差不应大于20mm。并列安装时，应使线槽便于开启，接口应平直，接板应严密；槽盖应齐全，盖好后无翘角，出线口无毛刺。

3) 梯井线槽引出分支线，如果距指示灯、按钮盒较近，可用金属软管敷设；若距离超过2m，应用管敷设。

4）梯井线槽到每层的分支导线较多时，应设分线盒并考虑加端子排。

5）电线槽、箱和盒要用开孔器开孔，孔径不大于管外径1mm。

6）机房和井道内的电线槽、电线管、随缆架、箱盒与可移动的轿厢、钢绳、电缆的距离：机房内不得小于50 mm。井道内不得小于20 mm。

7）切断线槽需用手锯操作，不能用电气焊。拐弯处不允许锯直口，应沿穿线方向弯成直角保护口，以防划伤电线，图6.10.2.4-2（a）。

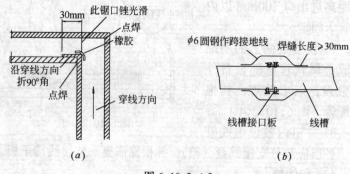

图6.10.2.4-2

8）线槽应有良好的保护，线槽接头应严密并作明显可靠的跨接地线，图6.10.2.4-2（b）。但电线槽不得作为保护线使用，镀锌线槽可利用线槽连接固定螺丝跨接$1.5mm^2$黄绿双色绝缘铜芯导线。

9）铁皮线槽安装完后补刷防腐漆。

（3）安装金属软管

1）金属软管不得有机械损伤、松散，敷设长度不应超过2m。

2）金属软管安装应尽量平直，弯曲半径不应小于管外径的

4倍。

3）金属软管安装固定点均匀，间距≯1m，不固定端头长度≯0.1m，固定点要用管卡子固定。管卡子要用膨胀螺栓或塑料胀塞等方法固定，不允许用塞木楔的方法来同定管卡子。

4）金属软管与箱、盒、槽连接时，应使用专用管接头连接。

5）金属软管安装在轿厢上应防止振动和摆动。与机械配合的活动部分，其长度应满足机械部分的活动极限，两端应可靠固定。轿顶上的金属软管应有防止机械损伤的措施。

6）金属软管内电线电压大于36V时，要用≥$1.5mm^2$的黄绿双色绝缘铜芯导线焊接保护地线。

7）不得利用金属软管作为接地导体。

8）机房地面和底坑地面不得敷设金属软管。

6.10.2.5 安装缓速开关、限位开关及其碰铁

（1）碰铁一般安装在轿厢侧面，应无扭曲、变形，表面应平整光滑。安装后调整其垂直度偏差不大于1‰。最大偏差不大于3mm（碰铁的斜面除外）。

（2）缓速开关、限位开关、极限开关的安装：

1）强迫减速开关安装在井道的两端，当电梯失控冲向端站时，首先要碰撞强迫减速开关，该开关在正常换速点相应位置动作，以保证电梯有足够的换速距离。强迫减速开关之后为第二级保护的限位开关，当电梯到达端站平层超过50~100mm时，碰撞限位开关，切断控制回路，当平层超过100mm时，碰撞第三级即极限开关，切断主电源回路。

2）快、高速电梯在短距离（单层）运行时，因未有足够的距离使电梯达到额定速度，需要减少缓速距离，需在端站强迫缓速开关之后加设一级或多级短距离（单层）减速开关，这些开关的动作时间略滞后于同级正常减速动作时间，当作正常减速失效时，该装置按照规定级别进行减速。

（3）开关安装应牢固，不得焊接固定，安装后要进行调整。

使其碰轮与碰铁可靠接触，开关触点可靠动作，碰轮沿碰铁全长移动不应有卡阻，且碰轮被碰撞后还应略有压缩余量。当碰铁脱离碰轮后，其开关应立即复位，碰轮距碰铁边≤5mm见图6.10.2.5-1。

（4）开关碰轮的安装方向应符合要求，以防损坏，图6.10.2.5-2。

6.10.2.6 安装感应开关和感应板

（1）无论装在轿厢上的平层感应开关及开门感应开关，

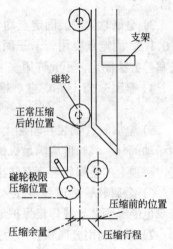

图6.10.2.5-1

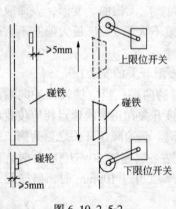

图6.10.2.5-2

还是装在轨道上的选层、截车感应开关，其形式基本相同。安装应横平竖直，各侧面应在同一垂直面上，其垂直偏差≯1mm。

（2）感应板安装应垂直。其偏差≤1‰，插入感应器时应位于中间，插入深度距感应器底10mm，偏差≯2 mm，若感应器灵敏度达不到要求时，可适当调整感应器，见图6.10.2.6。

（3）开门感应器装于上、下平层感应器中间，其偏差≯2mm。

（4）感应板应能上下、左右调节，调节后螺栓应可靠锁紧，电梯正常运行时不得与感应器产生摩擦，严禁碰撞。

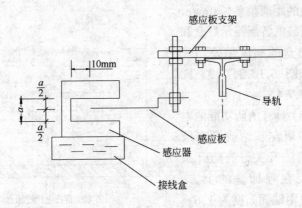

图 6.10.2.6

6.10.2.7 指示灯盒、呼梯盒、操纵盘的安装

(1) 指示灯盒安装应横平竖直,其误差≤1mm。指示灯盒中心与门中心偏差≤5mm。埋入墙内的按钮盒、指示灯盒等其盒口不应突出装饰面,盒面板与墙面应贴实无间隙。候梯厅层楼指示灯盒应装在层门口上 150～250mm 的位置。呼梯按钮盒装在距地平 1.2～1.4m 的墙壁上,盒边距层门边 200～300mm,群控电梯的呼梯盒应装在两台电梯的中间位置,见图 6.10.2.7-1、图 6.10.2.7-2。

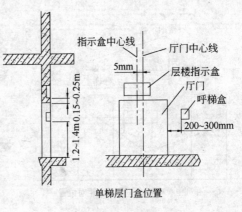

图 6.10.2.7-1

(2) 在同一候梯厅有 2 台及以上电梯并列或相对安装时,各层门指示灯盒的高度偏差≤5mm;各呼梯盒的高度偏差≤2mm,与

层门边的距离偏差≤10mm,相对安装的各层指示灯盒和各呼梯盒的高度偏差均≤5mm,图6.10.2.7－3、图6.10.2.7-4。

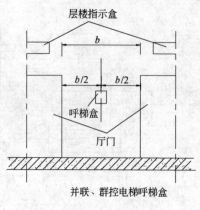

图6.10.2.7-2

(3)具有消防功能的电梯,必须在基站或撤离层设置消防开关,消防开头盒应装在呼梯盒的上方,其底边距地面高度为1.6~1.7m。

(4)各层门指示灯、呼梯盒及开关的面板安装后应与墙壁装饰面贴实,不得有明显的凹凸变形和歪斜,并应保持洁净、无损伤。

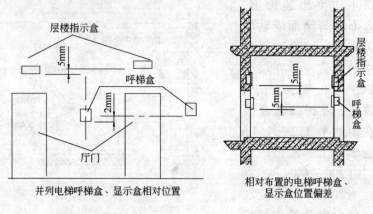

图6.10.2.7-3　　　　图6.10.2.7-4

(5)操纵盘的安装:操纵盘面板的固定方法有用螺钉固定和搭扣夹住固定的形式,操纵盘面板与操纵盘轿壁间的最大间隙应在1mm以内。

(6)指示灯、按扭、操纵盘的指示信号清晰、明亮、准确,遮光罩良好，不应有漏光和串光现象。按钮及开关应灵活可靠，不应有卡阻现象；消防开关工作可靠。

6.10.2.8 安装底坑检修盒

(1) 检修盒的安装位置应装在靠线槽较近的地坎下面，以便于操作，见图6.10.2.8。

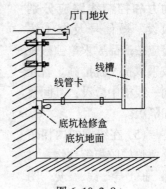

图6.10.2.8

(2) 底坑检修盒用膨胀螺栓或塑料胀塞固定在井壁上。检修盒、电线管、线槽之间都要跨接地线。

(3) 在检修盒上或附近适当的位置，须装设照明和电源插座，照明应加控制开关，电源插座应选用ZP+PE250 V型，以供维修时插接电动工具使用。

6.10.2.9 安装井道照明

(1) 井道照明在井道最高和最低点0.5m以内各装设一盏灯。中间每隔7m装设一盏灯；灯头盒与电线管按要求分别做好跨接地线。焊点要刷防腐漆，按配管要求固定好电线管。

(2) 导线绝缘电压不得低于交流500V，按设计要求选好电线规格、型号。

6.10.2.10 导线敷设及连接

(1) 穿线前将电线管或线槽内清扫干净，不得有积水、污物。电线管要检查各个管口的护口是否齐全，如有遗漏和破损，均应补齐和更换。

(2) 电梯电气安装中的配线，应使用额定电压不低于500V的铜芯导线。

(3) 穿线时不能出现损伤线皮、扭结等现象。并留出适当备用线，其长度应与箱、盒、柜内最长的导线相同。

(4) 导线要按布线图敷设，电梯的供电电源必须单独敷设。

动力和控制线路应分别敷设。微信号及电子线路应按产品要求单独敷设或采取抗干扰措施。若在同一线槽中敷设；其间要加隔板。

(5) 在线槽的内拐角处要垫橡胶板等软物，以保护导线，见图6.10.2.10。导线在线槽的垂直段，用尼龙绑扎带绑扎成束，并固定在线槽底板下，以防导线下坠。

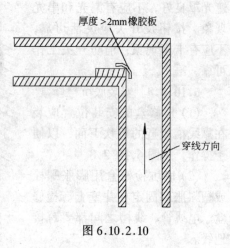

图 6.10.2.10

(6) 出入电线管或电线槽的导线无专用保护时，导线应用绑扎带或塑套管等加以保护。

(7) 导线截面为 $6mm^2$ 及以下的单股铜芯线和 $25mm^2$ 及以下的多股铜芯线与电气器具的端子可直接连接，但多股铜芯的线芯应先拧紧，涮锡后再连接，超过 $2.5mm^2$ 的多股铜芯线的终端，应焊接或压接端子后，再与电气器具的端子连接（设备自带插接式的端子除外）。

(8) 导线接头包扎：

1) 首先用橡胶（或粘塑料）绝缘带从导线接头处始端的完好绝缘层开始，缠绕1~2个绝缘带幅宽度，再以半幅宽度重叠进行缠绕。在包扎过程中应尽可能收紧绝缘带。最后在绝缘层上缠绕1~2圈后，再进行回缠。

2) 再用黑胶布包扎，以半幅宽度边压边进行缠绕，在包扎过程中收紧胶布，导线接头处两端应用黑胶布封严密。

(9) 引进控制盘（柜）的控制电缆橡胶绝缘芯线应外套绝缘管保护。

(10) 控制柜压线前应将导线沿接线端子方向整理成束，排列整齐，用小线或尼龙卡于分段绑扎。做到横平竖直，整齐美观。绑扎导线不能用金属裸导线和电线进行绑扎。

(11) 导线终端应严格按电气接线图的标号用记号笔编号。保护线和电压220V及以上线路的接线端子应有明显的标记。

(12) 导线压接要严实，不能有松脱、虚接现象。

6.10.2.11 电气装置的一般规定

(1) 电气装置的附件、构架、电线管、电线槽等非带电金属部分均应涂防腐漆或镀锌，安装用的紧固螺栓应有防松措施。

(2) 电梯的供电电源必须单独敷设至机房靠近门口的配电箱内。每台电梯的供电电源须专用开关单独供给。每台电梯分设动力开关和轿厢、井道照明开关。动力开关具有切断电梯正常使用情况下最大电流的能力。但动力开关不应切断下列供电电路：①轿厢照明或通风；②轿顶电源插座；③机房和滑轮间照明；④机房内电源插座；⑤电梯井道照明及电源插座；⑥报警装置。

(3) 每台电梯应配备供电系统断相、错相保护装置，该装置在电梯运行中断相时也应起保护作用。当错相不影响电梯正常运行时可没有错相保护装置或功能。

(4) 同一机房有数台曳引机。应对曳引机、控制柜、电源开关、轿厢照明开关、井道照明开关、变压器等设置配套编号标志，便于区分所对应的电梯。

(5) 电气设备的金属外壳必须根据规定采用接零或接地保护。保护零线应用铜线，其截面不小于相线的1/2，最小截面绝缘铜线$\leqslant 1.5mm^2$。电线管及电线槽用$\phi 5mm$的圆钢作跨接地线，并要焊牢。电梯机房内的接地干线（电梯用配电箱到控制柜的连线、控制柜到曳引机的电源线）与相线等粗，但最小截面积不得小于$16mm^2$。

(6) 电源采用三相五线制，电源采用三相五线制地线必须始终与零线分开，其接地电阻值不大于4Ω。厂家对接地电阻值有特殊要求的按厂家要求施工。接地点均要与三相五线制中的地线连接，不允许连接其零线。

6.10.3 质量记录

电气装置安装工艺质量记录，见附表十二；电气安全装置安装质量记录，见附表十三。

6.11 整机调试工艺

6.11.1 工艺流程

准备工作→电气线路检查试验→静态测试调整→曳引机试运转→慢车试运行→快车试运行→精调层门→各安全装置检查试验→载荷试验→功能试验

6.11.2 操作工艺

6.11.2.1 准备工作

（1）随机文件的有关图纸、说明书应齐全。调试人员必须掌握电梯调试大纲的内容、熟悉该电梯的性能特点和测试仪器仪表的使用方法，调试认真负责，细致周到，并严格做好安全工作。

（2）对导轨、层门导轨等机械电气设备进行清洁除尘。

（3）对全部机械设备的润滑系统，均应按规定加好润滑油，齿轮箱应冲洗干净，加好符合产品设计要求的齿轮油。

6.11.2.2 电气线路检查试验

（1）电气系统的安装接线必须严格按照厂方提供的电气原理图和接线图进行，要求正确无误，连接牢固，编号齐全准确，不得随意变更线路标号，如发现错误或必须变更时，必须在安装图上标注并向生产厂家备案。

（2）测试各有关电气设备、线路的绝缘电阻值均不应小于$0.5M\Omega$，并做好测试记录（当电梯采用PC机、微机控制时，不得用摇表测试）。

（3）所有电气设备的外露金属部分均应可靠接地。

（4）曳引电动机过电流、短路等保护装置的整定值应符合设计和产品要求。

(5) 检查控制柜（屏）内各电器、元件应外观良好，标志齐全，安装牢固，所有接线接点应接触良好无松动，继电器、接触器动作灵活可靠。微机插件的电子元器件应不松动、无损伤，各焊点无虚焊、漏焊现象。插接件的插拔力适当，接触可靠，插接后锁定正常，标志符号清晰齐全。

(6) 在机房控制柜（屏）处，取掉曳引机连线，采用手动吸合继电器、短接开关、按钮开关控制导线等方法模拟选层按钮、开关门的相应动作，观察控制柜上的信号显示、继电器及接触器的吸合状况，检查电梯的选层、定向、换速、截车、平层、停止等各种动作程序是否正确；门锁、安全开关、限位开关是否在系统中起作用；继电器、接触器的机械、电气联锁是否正常；电动机启动、换速、制动的延时是否符合要求，以及电气元件动作是否正常可靠，有无不正常的振动、噪音、过热、粘接、接触不良等现象。

6.11.2.3 静态测试调整

静态测试调整应在电气系统接线正常无误的前提下进行。电气线路与电动机不连接，曳引机不带轿厢。

6.11.2.4

手动盘车或检修慢车运行，检查开门刀与各层门坎间隙；各层门锁轮与轿厢地坎间隙；平层装置的有关间隙；限位开关、强迫缓速开关等与碰铁的位置关系；轿厢最外端与井道壁间隙；轿厢部件与导轨支架、线槽、中间接线盒的间隙；随行电缆、补偿链、对重等与井道各部件的距离。对不符合要求的应及时调整，保证轿厢及对重在井道全程运行时无任何卡阻碰撞现象，安全距离满足规范要求。

6.11.2.5 曳引机试运转

(1) 吊起轿厢将电梯曳引绳从曳引轮上摘下，恢复电气线路检查试验时摘除的电机及抱闸线路。

(2) 制动器试验调整。单独给抱闸线圈送电，闸瓦与制动轮间隙应均匀，在 0.7mm 以内，不得有摩擦；线圈的接头应可靠无松动，线圈外部必须绝缘良好，合理调整其电流值，电流过小会使吸合力不足，过大会使吸合过急，并导致线圈温升过高，线圈的温升不得超过60℃。为了防止吸合时两铁芯相互撞击，应调整吸合后两铁芯底部间隙为0.5～1mm，但此间隙不应影响铁芯的迅速吸合；不应出现松闸滞后现象，正常情况下，松闸时间不应大于0.08s；制动器弹簧应调整适当，如制动力过小会影响平层准确性，甚至会发生停层时溜车，发生危险，制动力过大将影响轿厢平层的平稳性，在电梯作静载试验和超载运行时，制动弹簧的压紧力应能使电梯可靠制动；制动器的松闸装置应试验可靠；各调整螺丝、锁紧螺母不得松动，各销轴应转动自由，制动轮和闸瓦应无油污或油漆。

(3) 用手盘动电机使其旋转，如无卡阻及响声正常时，启动电机使之慢速运行；检查各部件运行情况及电机轴承温升情况。若有问题及时停车处理。如运行正常，试5min后改为快速运行，并对各部件运行及温度情况继续进行检查。轴承温度的要求为：油杯润滑不超过75℃，滚动轴承不应超过85℃。若是直流电梯，应检查直流电机的电刷，接触是否良好，位置是否正确，并观察电机转向应与运行方向一致，如情况正常，正反向连续运行各2.5h后，试运行结束。试车时，要对电机空载电流进行测量，应符合要求。

6.11.2.6 快车试运行

(1) 在检修状态试运行正常后，各层层门关好，门锁可靠，方可进行快车状态运行。

(2) 封掉开门机构，快车运行，继续对各运动部位检查，重点检查蜗杆轴伸部位润滑油渗漏情况，允许有油迹，但擦干后要求运转5min内不见油，15min不成滴。油温度不得超过80℃，轴承温度要求同前。检查曳引机运转的平稳性、噪声，减速器内有无啃齿声、撞击声、轴承研磨声及各密封面的密封情况、制动器的松闸和制动情况等。在电动机最大转速下，正反向连续运行各2h后试运转结束。试车中对电动机的电流应进行检测。

(3) 开慢车将轿厢停于中间层，轿内不载人，按照操作要求，在机房控制柜处手动模拟开车。先单层，后多层，上下往返数次（暂不到上、下端站）。如无问题，试车人员进入轿厢，进行实际操作。试车中对电梯的信号系统、控制系统、驱动系统进行测试、调整，使之全部正常，对电梯的启动、加速、换速、制动、平层及强迫缓速开关、限位开关、极限开关、安全开关等的位置进行精确的调整，应动作准确、安全可靠。外呼按钮、指令按钮均起作用，同时试车人员在机房内对曳引装置、电机（及其电流）、抱闸等进行进一步检查测试。

(4) 加、减速时间的整定：调整控制电位器，使启动、制动时无台阶，舒适感良好。其目的是为了既要减小速度切换时的机械和电流冲击，又要保证电梯的加、减速度之要求。

(5) 平层感应器的调整：初调时，轿顶装的上、下平层感应器的距离可取井道内装的隔磁板长度再加约100mm。精调时以基站为标准，调准感应器的位置，其他站则调整井道内各感应板的位置。

(6) 自动门调整：

1) 调整门杠杆，应使门关好后，其两臂所成角度小于180°，以便必要时，人能在轿厢内将门扒开。

2) 在轿顶用手盘门，调整控制门速行程开关的位置。

3) 通电进行开门、关门试验，调整门机控制系统使开关门的速度符合要求。开门时间一般调整在2.5~4s左右。关门时间一般调整在3~5s左右。

4) 安全触板及光电保护装置应功能可靠。

6.11.2.7 安全装置检查试验

(1) 过负荷及短路保护：

1) 电源主开关应具有切断电梯正常使用情况下最大电流的能力，其电流整定值、熔体规格应符合负荷要求，开关的零部件应完整无损伤。

2) 该开关不应切断轿厢照明、通风、机房照朋、电源插座、井道照明、报警装置等供电电路。

3) 开关的接线应正确可靠，位置标高及编号标志应符合要求。

(2) 相序与断相保护：三相电源的错相可能引起电梯冲顶、撞底或超速运行，电源断相会使电动机缺相运行而烧毁。要求断相和错相保护必须可靠。

(3) 电机过热保护：

一般电动机绕组埋设了热敏元件，以检测温升。当温升大于规定值即切断电梯的控制电路，使其停止运行；当温度下降至规定值以下时，则自动接通控制电路，电梯又可启动运行。

(4) 方向接触器及开关门继电器机械联锁保护应灵活可靠。

(5) 极限保护开关应在轿厢或对重接触缓冲器之前起作用，在缓冲器被压缩期间保持其接点断开状态。极限开关不应与限位开关同时动作。

(6) 限位（越程）保护开关：当轿厢地坎超越上、下端站地坎平面50mm至极限开关动作之前，电梯应停止运行。

(7) 强迫缓速装置：开关的安装位置应按电梯的额定速度、减速时间及制停距离而定，具体安装位置应按制造厂方的安装说明及规范要求而确定。试验时置电梯于端站的前一层站，使端站的正常平层减速失去作用，当电梯快车运行，碰铁接触开关碰轮时，电梯应减速运行到端站平层停靠。

(8) 安全（急停）开关：

1) 电梯应在机房、轿顶及底坑设置使电梯立即停止的安全开关。

2) 安全开关应是双稳态的，需手动复位，无意的动作不应使电梯恢复服务。

3) 该开关在轿顶或底坑中，距检修人员进入位置不应超过1m，开关上或近旁应标出"停止"字样。

4) 如电梯为无司机运行时，轿内的安全开关应能防止乘客操纵。

(9) 检修开关及操作按钮：

1) 轿顶的检修控制装置应易于接近，检修开关应是双稳态的，并设有无意操作的防护。

2) 检修运行时应取消正常运行和自动门的操作。

3) 轿厢运行应依靠持续按压按钮，防止意外操作，并标明运行方向，轿厢内检修开关必须有防止他人操作的装置。

4) 检修速度不应超过 0.63m/s，不应超过轿厢正常的行程范围。

5) 当轿顶和轿内及机房均设这一装置时，应保证轿顶控制优先的形式，在轿顶检修接通后，轿内和机房的检修开关应失效。检查时注意不允许有层门开着走车的现象。

(10) 紧急电动运行装置：

1) 紧急电动运行开关及操作按钮应设置在易于直接观察到曳引机的地点。

2) 该开关本身或通过另一个电气安全装置可以使限速器、安全钳、缓冲器、终端限位开关的电气安全装置失效，轿厢速度不应超过 0.63m/s。

3) 该操作装置给电梯的调试工作、检修工作及故障处理带来便利。注意该装置不应使层门锁的电气安全保护失效。

(11) 限速器动作保护开关：

1) 当轿厢运行达到115%额定速度时，开关应可靠地切断电动机和制动器的电源，使曳引机停止运转。

2) 该开关应是非自动复位的，在限速器未复位前，电梯不能起动。

(12) 安全钳动作保护开关：该开关一般装在轿厢架上梁处，由安全钳联动装置动作带动其动作，迫使曳引机停止运转。该开关必须采用人工复位的形式。

(13) 安全窗保护开关：有的电梯设有安全窗，开启方向只能向上，开启位置不得超过轿厢的边缘，当开启大于 50mm 时，该开关应使检修或快车运行的电梯立即停止。

(14) 限速器钢绳张紧保护开关：当其配重轮下落大于

50mm 或钢绳断开时，保护开关应立即断开，使电梯停止运行。

（15）补偿绳装置保护开关：

1）当电梯额定速度超过 2.5m/s 时，应使用带张紧轮的补偿绳，由重力保持张紧状态，并由电气安全开关来检查张紧情况。

2）若电梯额定速度超过 3.5m/s，还应增设一个防跳装置，防跳装置动作时，由一个电气安全开关迫使电梯曳引机停止运转。

3）补偿装置的尾端连接须牢固可靠，补偿绳张力以钢绳不松弛为宜。保护开关的安装位置应合理，动作应可靠。

（16）液压缓冲器压缩保护开关：耗能型缓冲器在压缩动作后，须及时回复正常位置。当复位弹簧断裂或柱塞卡住时，在轿厢或对重再次冲顶或撞底时，缓冲器将失去作用是非常危险的。因此必须设有验证这一正常伸长位置的电气安全开关接通后，电梯才能运行。

（17）安全触板、光电保护、关门力限制保护：在轿门关闭期间，如有人被门撞击时，应有一个灵敏的保护装置自动地使门重新开启。阻止关门所需的力不得超过 150N。

（18）层门锁闭装置：切断电路的接点与机械锁紧之间必须直接连接，应易于检查，宜采用透明盖板，检查锁紧啮合长度至少 7mm 时，电梯才能起动。每一层门必须认真检查。

（19）测速机断带保护开关：采用传动带与电动机连接的测速发电机应装断带保护开关。如发生断带则保护开关动作使电梯急停。因为测速机停转后将使速度控制回路失去反馈，电梯速度会猛增造成危险。传动带还应设置防护罩。

（20）制动器行程开关：当磁铁动作行程约 1.5mm 以后，制动器行程开关闭合，当磁铁复位时，行程开关应有足够的断开间隙。

（21）满载超载保护：

1）当轿厢内载有 90% 以上的额定载荷时，满载开关应动作，此时电梯顺向截车功能取消。

2) 当轿内载荷大于额定载荷时，超载开关动作，操纵盘上超载灯亮铃响，且不能关门，电梯不能启动运行。

(22) 轿内报警装置：

1) 为使乘客在需要时能有效向外求援，轿内应装设易于识别和触及的报警装置。

2) 该装置应采用警铃、对讲系统、外部电话或类似装置。建筑物内的管理机构应能及时有效地应答紧急呼救。

3) 该装置在正常电源一旦发生故障时，应自动接通能够自动充电的应急电源。

(23) 闭路电视监视系统：为了准确统计客流量和及时地解救乘客突发急病的意外情况以及监视轿厢内的犯罪行为，可在轿厢顶部装设闭路电视摄像机，摄像机镜头的聚焦应包括整个轿厢面积，摄像机经屏蔽电缆与保安部门或管理值班室的监视荧光屏连接。

(24) 制动系统试验：轿厢以125%额定载荷，以额定速度下行时，切断电机和制动器的供电，轿厢应能停止运行。同时轿厢的减速度不应超过安全钳动作或轿厢撞在缓冲器上所产生的减速度。

(25) 曳引能力检查试验：

1) 电梯的平衡系数应在40%～50%的范围内。

2) 空载轿厢在行程上部范围内上行和轿厢载有125%额定载荷、行程下部范围内下行，两种情况急停3次以上，轿厢应被可靠地制停（下行不考核平层要求）。

3) 将对重支承在被其压缩的缓冲器上时，空载轿厢不能被曳引绳提升起。

4) 当轿厢面积不能限制载荷超过额定值时，将轿厢停在底层平层位置，平稳加入150%额定载荷做静载检查，历时10min，检查各承重构件应无损坏，曳引机制动可靠无打滑现象。

(26) 安全钳的检查试验：

1) 瞬时式安全钳试验。轿厢有均匀分布的额定载荷，以检修速度下行时，可人为地使限速器动作，此时安全钳应将轿厢停于导轨上，曳引绳应在绳槽内打滑。

2) 渐近式安全钳试验。在轿厢有均匀分布的125%额定载荷，以平层速度或检修速度下行的条件进行，试验的目的是检查安装调整是否正确，以及轿厢组装、导轨与建筑物连接的牢固程度。

3) 在电梯底坑下方具有人通过的过道或空间时，对重也应设置安全钳，其限速器动作速度应高于轿厢安全钳的限速器动作速度，但不得超过10%。

(27) 缓冲器的检查试验：

1) 蓄能型（弹簧）缓冲器试验。在轿厢以额定载荷和检修速度；对重以轿厢空载和检修速度下分别碰撞缓冲器，至使曳引绳松弛。

2) 耗能型（液压）缓冲器试验。额定载荷的轿厢或对重应以检修速度与缓冲器接触并压缩5min后，以轿厢或对重开始离开缓冲器直到缓冲器回复到原状止，所需时间应少于120s。

6.11.2.8 载荷试验

(1) 运行试验：轿厢分别以空载、50%额定载荷和额定载荷三个工况，并在通电持续率40%情况下，到达全行程范围，按120次/h，每天不少于8h，往复升降各1000次（电梯完成一个全过程运行为一次，即关门→额定速度运行→停站→开门）。电梯在启动、运行和停止时，轿厢应无剧烈振动和冲击，制动可靠。制动器线圈、减速机油的温升均不应超过60℃且温度不应超过85℃。电动机温升不超过GB 12974《交流电梯电动机通用技术条件》的规定。曳引机减速器蜗杆轴伸出端渗漏油面积平均每小时不超过150cm^2，其余各处不得有渗漏油。

(2) 超载试验：轿厢加入110%额定载荷，断开超载保护电路，通电持续率40%情况下，到达全行程范围。往复运行30次，电梯应能可靠地启动、运行和停止，制动可靠，曳引机工作正常。

(3) 平衡系数测试：

1）轿厢以空载和额定载重的 25%、40%、50%、75%、110%六个工况做上、下运行，当轿厢对重运行到同一水平位置时，分别记录电机定子的端电压、电流和转速各参数。

2）利用上述测量值分别绘制上、下行电流——负荷曲线或速度（电压）——负荷曲线，以上、下运行曲线的交点所对应的负荷百分数即为电梯的平衡系数。

3）如平衡系数偏大或偏小，将对重的重量相应增加或减少，（一般先测试 50%额定载荷时上行、下行的曳引机电流，下行电流略小于上行电流时，即满足平衡系数 40%~50%的要求），重新测试直至合格。

4）额定速度试验：轿厢加入平衡载荷（50%额定载荷），向下运行至行程中部（即轿厢与对重到同一水平位置时）的速度应不超过额定速度的 92%~105%。

5）轿厢平层准确度测试：在空载和额定载荷的工况下分别测试。一般以达到额定速度的最小间隔层站为间距作向上、向下运行，测量全部层站，当额定速度≤1m/s 时，上下逐层运行测试，其结果符合表 6.11.2.8-1 中的规定。

平层精度允许偏差　　　　　　　　表 6.11.2.8-1

类　　别	交流双速 ($V \leqslant 0.63\text{m/s}$)	交流双速 ($0.63 < V \leqslant 1.0\text{m/s}$)	调速电梯 $V \leqslant 2.5\text{m/s}$
偏差（mm）	±15	±20	±5

6）噪声测试：电梯的各构件和电气设备在工作时不得有异常震动或撞击噪声，噪声值符合表 6.11.2.8-2 中的规定。

电梯的噪声值（dB）　　　　　　　表 6.11.2.8-2

项　　目	机　房	运行中轿内	开关门过程
	平　均	最　大	
噪声值	≤80	≤55	≤65

注：1. 载货电梯仅考核机房噪声值；
　　2. 对于 $V=2.5\text{m/s}$ 的电梯，运行中轿内噪声最大值不应大于 60dB（A）。

7）乘客电梯轿厢运行时垂直、水平方向的振动加速度（用时域记录的振动曲线中的单峰值）分别不大于 25cm/s^2 和 15 cm/s^2。

6.11.2.9 电梯功能试验

电梯的功能试验根据电梯的类型、控制方式的特点，按照产品说明书逐项进行。

6.11.3 质量记录

电气回路绝缘电阻测试记录见附表十四；电梯负荷运行试验记录见附表十五；电梯各项功能测试质量记录见附表十六；电梯安全回路测试见附表十三。

7 质量标准

7.1 主控项目

7.1.1 设备进场验收

随机文件必须包括下列资料：①土建布置图；②产品出厂合格证；③门锁装置、限速器、安全钳及缓冲器的型式试验证书复印件。

7.1.2 作业条件

7.1.2.1 机房内部、井道土建结构及布置必须符合电梯土建布置图的要求。

7.1.2.2 主电源开关必须符合下列规定：

（1）主电源开关应能够切断电梯正常使用情况下最大电流；

（2）对有机房电梯该开关应能从机房入口处方便地接近；

（3）对无机房电梯该开关应设置在井道外工作人员方便接近的地方，且应具有必要的安全防护。

7.1.2.3 井道必须符合下列规定：

（1）当底坑底面下有人员能到达的空间存在，且对重（或平衡重）上未设有安全钳装置时，对重缓冲器必须能安装在一直延伸到坚固地面上的实心桩墩上；

（2）电梯安装之前，所有层门预留孔必须设有高度不小于1.2m的安全保护栏杆，并应保证有足够的强度；

（3）当相邻两层门地坎间的距离大于11m时，其间必须设置井道安全门，井道安全门严禁向井道内开启，且必须装有安全门处于关闭时电梯才能运行的电气安全装置。当相邻轿厢间有相互救援用轿厢安全门时，可不执行本款。

7.1.3 样板架安装、挂基准线施工工艺

7.1.3.1 基准线的确定

确定基准线时应考虑井道各方的尺寸，尽量避免剔凿作业，又要保证运动部件与墙的间隔符合要求；

7.1.3.2 基准线的稳固与校验

稳固基准线应在无风时进行，必须在基准线自然静止时才能稳固基准线，为保证其精度要求，稳固后应校验基准线间距及对角基准线尺寸，并用激光放线仪再次校验。

7.1.4 导轨架及导轨安装

导轨安装必须符合土建布置图要求。

7.1.5 机房机械设备安装

7.1.5.1 曳引机紧急操作装置动作必须正常。可拆卸的装置必须置于曳引机附近易接近处。

7.1.5.2 限速器动作速度整定值封记必须完好。且拆动痕迹。

7.1.6 轿厢安装

7.1.6.1 当距轿底面在1.1m以下使用玻璃轿壁时，必须在距轿底面0.9~1.1m的高度安装扶手，且扶手必须独立地固定，不得与玻璃有关。

7.1.6.2 层门地坎至轿厢地坎之间的水平距离偏差为0~+1.5mm，且二者平行度偏差小于1mm，二者最大间距严禁超过35mm。

7.1.7 层门安装

7.1.7.1 层门强迫关门装置必须动作正常可靠；

7.1.7.2 动力操纵的水平滑动门在关门开始的1/3行程之后，阻止关门的力严禁超过150N。

7.1.7.3 层门锁钩必须动作灵活，在证实锁紧的电气安全装置动作之前，锁紧元件的最小啮合长度为7mm，见图7.1.7.3。

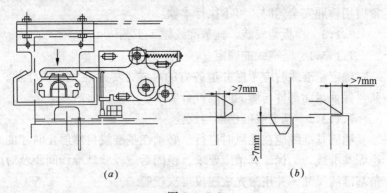

图 7.1.7.3
(a) 门锁结构；(b) 锁紧件啮合长度

7.1.8 井道机械设备安装工艺

7.1.8.1 安全钳：当安全钳可调节时，整定封记必须完好，且无拆动痕迹。

7.1.9 钢丝绳安装

7.1.9.1 绳头组合必须安全可靠，且每个绳头组合必须安装防螺母松动和脱落的装置。

7.1.9.2 钢丝绳严禁有死弯、断丝。

7.1.9.3 当轿厢悬挂在两根钢丝绳或链条上，且其中一根钢丝绳或链条发生异常相对伸长时，为此装设的电气开关应动作可靠。

7.1.10 电气装置安装

7.1.10.1 电气设备接地必须符合下列规定：

(1) 所有电气设备及导管、线槽的外露可导电部分均必须可靠接地（PE）；

（2）接地支线应分别直接接至接地干线线柱上，不得互相连接后再接地。

（3）随行电缆严禁有打结和波浪扭曲现象。

7.1.10.2 导体之间和导体对地之间的绝缘电阻必须大于$1000\Omega/V$，且其值不得小于：

（1）动力电路和电气安全装置电路：$0.5M\Omega$；

（2）其他电路（控制、照明、信号等）：$0.25M\Omega$。

7.1.11 整机调试

7.1.11.1 安全保护装置

（1）断相、错相保护装置或功能：当控制柜三相电源中任何一相断开或二相错接时，断相、错相保护装置或功能应使电梯不发生危险故障。

（2）短路、过载保护装置：动力电路、控制电路、安全电路必须有与负载匹配的短路保护装置；动力电路必须有过载保护装置。

（3）限速器铭牌上的额定速度、动作速度必须与电梯相符；限速器型号必须与其型式试验证书相符。

（4）上下极限开关：上下极限开关必须是安全触点，在端站位置进行试验时必须动作正常。在轿厢或对重接触缓冲器之前必须动作，且缓冲器完全压缩时，保持动作状态。

（5）轿顶、底坑、机房（如果有）的停止装置的动作必须正常可靠。

（6）限速器张紧开关、液压缓冲器复位开关、补偿绳张紧开关、轿厢安全窗开关必须动作可靠。

（7）当额定速度大于$3.5m/s$时，补偿绳防跳开关动作可靠。

7.1.11.2 限速器安全钳联动试验必须符合下列规定：

（1）限速器与安全钳电气开关在联动试验中必须动作可靠，且应使曳引机立即制动。

（2）对瞬时式安全钳，轿厢应载有均匀分布的额定载重量；

对渐进式安全钳，轿厢应载有均匀分布的125%额定载重量。当短接限速器及安全钳电气开关，轿厢以检修速度下行，人为使限速器机械动作时，安全钳应可靠动作，轿厢必须可靠制动，且轿底倾斜度不大于5%。

7.1.11.3 层门与轿门的试验必须符合下列要求：

（1）每层层门必须能够用三角钥匙正常开启；

（2）当一个层门或轿门（在多扇门中任何一扇门）非正常打开时，电梯严禁启动或继续运行。

7.1.11.4 曳引机的曳引能力试验必须符合下列规定：

（1）轿厢在行程上部范围空载上行及行程下部范围载有125%额定载重量下行，分别停层3次以上，轿厢必须可靠地制停（空载上行工况应平层）。轿厢载有125%额定载重量以正常运行速度下行时，切断电动机与制动器供电，电梯必须可靠制动。

（2）当对重完全压在缓冲器上，曳引机按轿厢上行方向连续运转时，空载轿厢严禁向上提升。

7.2 一般项目

7.2.1 设备进场验收

7.2.1.1 随机文件还应包括下列资料：

（1）装箱单；

（2）安装、使用维护说明书；

（3）动力电路和安全电路的电气接线图。

7.2.1.2 设备零部件应与装箱单内容相符。

7.2.1.3 设备外观不应存在明显的损坏。

7.2.2 作业条件

7.2.2.1 机房还应符合下列规定：

（1）机房内应设有固定的电气照明，地板表面上的照度不应小于200lx。机房内应设置一个或多个电源插座。机房内靠近入口的适当高度处应设有控制机房照明的电源开关。

(2) 机房内应通风，从建筑物其他部分抽出的陈腐空气不得排如机房内。

(3) 应根据产品供应商的要求，提供设备进场所需要的通道和搬运空间。

(4) 电梯工作人员应能方便地进入机房或滑轮间，而不需要临时借助于其他辅助设施。

(5) 机房应有良好的防渗、防漏水保护。

(6) 在一个机房内，当有两个以上不同平面的工作台，且相邻平台高度差大于 0.5m 时，应设置楼梯或台阶，并应设置高度不小于 0.9m 的安全防护栏杆。当机房地面有深度大于 0.5m 的凹坑或槽坑时，均应盖住。供人员活动空间和工作台面以上的净高度不应小于 1.8m。

7.2.2.2 井道还应符合下列规定：

(1) 井道尺寸是指垂直于电梯设计运行方向的井道截面沿电梯设计运行方向投影所测定的井道最小净空尺寸，该尺寸应和土建布置图所要求的一致，允许偏差见表 7.2.2.2。

井道尺寸允许偏差　　　　　　表 7.2.2.2

电梯行程高度 h	$h \leqslant 30m$	$30m < h \leqslant 60m$	$60m < h \leqslant 90m$	$h > 90m$
允许偏差	0～+25mm	0～+35mm	0～+50mm	符合土建布置图要求

(2) 全封闭或部分封闭的井道，井道的隔离保护、井道壁、底坑底面和楼板应具有安装电梯部件所需的足够强度，应采用非燃烧材料建造，且应不宜产生灰尘。

(3) 当底坑深度大于 2.5m 且建筑物布置允许时，应设置一个符合安全门要求的底坑进口；但没有进入底坑的其他通道时，应设置一个从层门进入底坑的永久性装置，且此装置不得凸入电梯运行空间。

(4) 井道应为电梯专用，井道内不得装设与电梯无关的设备、电缆等。

(5) 井道内应设置永久性照明，井道内照度不得小于 50lx。

井道最高点和最低点 0.5m 以内各装一盏灯,中间灯距不大于 7m,并分别在底坑和机房设置一控制开关。

(6) 装有多台电梯的井道内各电梯的底坑之间应设置最底点离底坑地面不大于 0.3m,且至少延伸到最低层站楼面以上 2.5m 高的屏障。

(7) 底坑内应有良好的防渗、防漏水保护,底坑内不得有积水。

(8) 每层侯梯厅的楼面如未完工,应有水平面基准标识。

7.2.3 导轨架及导轨安装

7.2.3.1 导轨顶面间距、扭曲度、垂直度应符合表 7.2.3.1 的要求

轨距、扭曲度、垂直度允许偏差   表 7.2.3.1

电梯速度	2m/s 以上		2m/s 以下	
轨道用途	轿厢	对重	轿厢	对重
轨距偏差	0~+0.8	0~+1.5	0~+0.8	0~+1.5
扭曲度偏差	1	1.5	1	1.5
垂直度偏差(每5m)	0.6mm	1.0mm	0.6mm	1.0mm

注:对重设有安全钳时,导轨垂直度为每 5m≤0.6mm。

7.2.3.2 导轨支架在井壁上的安装应固定可靠。预埋件应符合土建布置图要求。锚栓(如膨胀螺栓等)固定应在井壁的混凝土构件上使用,其连接强度与承受振动的能力应满足电梯产品设计要求,混凝土构件的压缩强度应符合土建布置图要求。

7.2.3.3 轿厢导轨和设有安全钳的对重导轨工作面接头处不应有连续缝隙,导轨接头处台阶不应大于 0.05mm,修平长度 ≥300mm。

7.2.3.4 不设安全钳的对重导轨接头处缝隙≤1.0mm,导轨工作面接头处台阶≤0.15mm。

7.2.4 机房机械设备安装

7.2.4.1 当曳引机承重梁需埋入承重墙时,埋入端长度应超过墙厚中心至少 20mm,且支承长度≥75mm,见图 7.2.4.1。

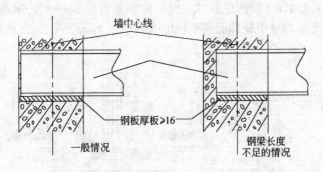

图 7.2.4.1

7.2.4.2 制动器动作应灵活，制动间隙应符合产品设计要求。

7.2.4.3 曳引机减速箱内油量应在油标所限定的范围内。

7.2.4.4 机房内钢丝绳与楼板孔洞边间隙应为 20~40mm，通向井道的孔洞四周应设置高度不小于 50mm 的台阶。

7.2.4.5 承重钢梁水平误差不超过 1‰，横向水平误差小 0.5mm，距中心线误差小于 2mm，相互水平误差小于 1mm，见图 7.2.4.5。

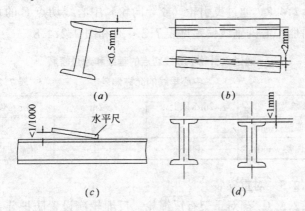

图 7.2.4.5
（a）横向水平误差；（b）距中心线误差；
（c）水平纵向误差；（d）相互水平误差

7.2.4.6 轿厢空载时，曳引轮的垂直度偏差±0.5mm，导向轮端面与曳引轮端面的平行度偏差小于1mm，见图7.2.4.6。

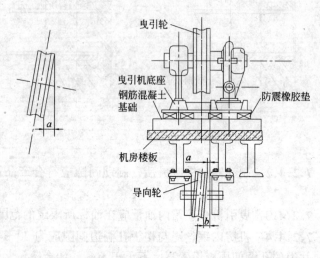

图7.2.4.6

7.2.4.7 限速器绳轮、导向轮安装必须牢固，转动灵活，其垂直度偏差小于0.5mm。

7.2.4.8 通过曳引轮（或导向轮）中心线切点C的垂线和通过轿厢中心的垂线偏差见表7.2.4.8和图7.2.4.8。

通过曳引轮中心线切点的垂线和通过轿厢中心垂线的允许偏差　　　表7.2.4.8

要求范围	2m/s以上	1~2m/s	1m/s以下
前后偏差（mm）	±1.5	±2	±2
左右偏差（mm）	±0.8	±1	±1

7.2.5 对重安装

7.2.5.1 当对重架有反绳轮，反绳轮应设置防护装置和挡绳装置。

7.2.5.2 对重块应可靠固定。

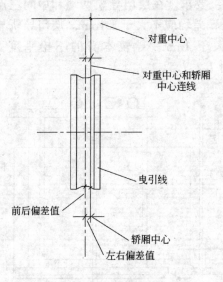

图 7.2.4.8

7.2.6 轿厢安装

7.2.6.1 当轿厢有反绳轮时,反绳轮应设置防护装置和挡绳装置。

7.2.6.2 当轿顶外侧边缘至井道壁水平方向的自由距离大于0.3m时,轿顶应装设防护栏及警示性标识。

7.2.7 层门安装

7.2.7.1 门刀与层门地坎、门锁滚轮与轿厢地坎间隙应为5~8mm;开门刀两侧与门锁滚轮间隙为3mm。

7.2.7.2 层门地坎水平度不得大于2‰,地坎应高出装修地面2~5mm。

7.2.7.3 层门指示灯盒、呼梯盒和消防开关盒应安装正确,其面板与墙面贴实,横竖端正。

7.2.7.4 门扇与门扇、门扇与门套、门扇与门楣、门扇与门口处轿壁、门扇下端与地坎的间隙,乘客电梯不应大于6mm,载货电梯不应大于8mm。

7.2.7.5 层门导轨外侧垂直面与地坎槽内侧垂直面的距离

a，应符合图纸要求，在层门导轨两端和中间三点（1、2、3）吊线测量相对偏差均应不大于±1mm。层门导轨与地坎的平行度误差应不大于1mm。导轨本身的不铅垂度 a' 应不大于0.5mm，见图7.2.7.5。

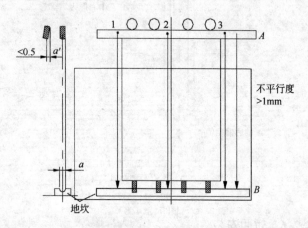

图7.2.7.5

7.2.7.6 层门扇垂直度偏差不大于2mm，门缝下口扒开量不大于10mm，门轮偏心轮对滑道间隙 c 不大于0.5mm，见图7.2.7.6。

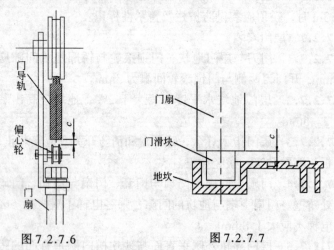

图7.2.7.6　　　　　　　图7.2.7.7

7.2.7.7 层门门扇下端与地坎面的间隙 C 为 $6±2mm$，见图7.2.7.7。门套与层门的间距为 $6±2mm$。住宅梯间距为 $5±2mm$。

7.2.8 井道机械设备安装

7.2.8.1 限速器张紧装置与其限位开关相对位置安装应正确。

7.2.8.2 安全钳与导轨的间隙应符合产品设计要求。

7.2.8.3 轿厢在两端站平层位置时，轿厢、对重的缓冲器撞板与缓冲器顶面间距应符合电梯随机文件的要求。轿厢、对重的缓冲器撞板中心与缓冲器中心的偏差不应大于20mm。

7.2.8.4 液压缓冲器柱塞垂直度不应大于0.5%，充液量应正确。

7.2.8.5 补偿链（绳）等补偿装置的端部应固定可靠。

7.2.8.6 对补偿链（绳）的张紧轮，验证补偿绳张紧的电气安全开关应动作可靠。张紧装置应安装防护装置。

7.2.9 钢丝绳安装

每根钢丝绳张力与平均值偏差不应大于5%。

7.2.10 电气装置安装

7.2.10.1 随行电缆的安装应符合下列要求：

（1）随行电缆端部应固定可靠。

（2）随行电缆在运行中应避免与井道内其他部件干涉。当轿厢完全压缩在缓冲器上时，随行电缆不得与底坑地面接触。

7.2.10.2 主电源开关不应切断下列供电电路：

（1）轿厢照明和通风；

（2）机房和滑轮间照明；

（3）机房、轿顶和底坑的电源插座；

（4）井道照明；

（5）报警装置。

7.2.10.3 机房和井道内应按产品要求配线。软线和无护套电缆应在导管、线槽或能确保起到等效防护作用的装置中使用。护套电缆和橡套软电缆不可明敷于地面。

7.2.10.4 导管、线槽的敷设应整齐牢固。线槽内导线总面积不应大于线槽净面积的60%；导管内导线总面积不应大于导管内净面积40%；软管固定间距不应大于1m，端头固定间距不应大于0.1m。

7.2.10.5 接地支线应采用黄绿相间的绝缘导线。

7.2.10.6 控制柜应按要求安装底座，并在固定前分别粉刷防锈漆和装饰漆。控制柜离门、墙的距离不应小于600mm。控制柜总体布置应符合土建布置图的要求。

7.2.11 整机调试

7.2.11.1 曳引机平衡系数应调整为0.4～0.5。

7.2.11.2 轿厢在空载、额定载荷工况下，按产品设计规定的每小时启动次数和负载持续率各运行1000次（每天不少于8h），电梯应运行平稳、制动可靠、连续运行无障碍。

7.2.11.3 噪声试验应符合表7.2.11.3的规定。

电梯噪声允许值　　　　表7.2.11.3

项 目	机 房 平 均	运行中轿内 最 大	开关门过程
噪声值（dB）	≤80	≤55	≤65

注：1. 载货电梯仅考核机房噪声值。
　　2. 对于$V=2.5m/s$的电梯，运行中轿内噪声最大值不应大于60dB（A）。

7.2.11.4 平层精度应符合表7.2.11.4中的规定。

平层精度允许偏差　　　　表7.2.11.4

类 别	交流双速 ($V≤0.63m/s$)	交流双速 ($0.63<V≤1.0m/s$)	调速电梯
偏差（mm）	±15	±20	±5

7.2.11.5 观瞻质量应符合下列规定：

（1）轿门带动层门开、关运行，门扇与门扇、门扇与门套、门扇与门楣、门扇与门口处轿壁、门扇下端与地坎应无刮碰现象。

(2) 门扇与门扇、门扇与门套、门扇与门楣、门扇与门口处轿壁、门扇下端与地坎之间各自的间隙在整个长度上应基本一致。

(3) 对机房、导轨支架、底坑、轿顶、轿内、轿门、层门及地坎等部位应进行清理。

8 成品保护

(1) 各层层门防护栏保持良好,以免非工作人员随意出入。

(2) 作业时防止物体坠落,避免砸坏样板。

(3) 作业出入井道时,注意不能碰层门口基准线,井道内作业时,特别是电、气焊作业时,注意爱护基准线。

(4) 脚手架不得随意挪动,横管需要移位时,应随时逐根固定。

(5) 每次作业前,均应复查一次基准线,确认无移位,与其他物体不接触后,方可作业。

(6) 导轨及其他附件在露天放置必须有防雨、防雪措施。设备的下面应垫起,以防受潮。

(7) 运输导轨时不要碰撞地面。可用草袋或木板等物保护,且要将导轨抬起运输,不可拖动或用滚杠滚动运输。

(8) 当导轨较长,遇到往梯井内运输不便的情况,可先用和导轨长短相似的木方代替导轨进行试验,找出最佳的运输方法。

(9) 当剔层灯盒、按钮盒、导轨支架孔洞,剔出主钢筋或预埋件时,不要私自破坏,要找土建、设计单位等有关部门协商解决。

(10) 在立导轨的过程中对已安装好的导轨支架要注意保护,不可碰撞。

(11) 安装导轨支架和导轨时注意保护基准线,如果不慎碰断，应重新校验，确保其精确度。

（12）机房的机械设备在运输、保管和安装过程中，严禁受潮、碰撞。

（13）机房的门窗要齐全、牢固，机房要上锁。非有关人员不能进入机房，以防意外。

（14）曳引机在试运转时，发现有异常现象，需拆开检修调整，首先应由厂家来人检查处理，未经厂家同意，不得随意拆卸。

（15）导靴安装后，应用麻布等物进行保护，以免尘渣进入导靴衬中，影响其使用寿命。

（16）施工中要注意避免物体坠落，以防砸坏导靴。

（17）对重框架的运输、吊装和装砣块的过程中，要格外小心，不要碰坏已装修好的地面、墙面及导轨其他设施，必要时要采取相应的保护措施。

（18）吊装对重过程中，不要碰基准线，以免影响安装精度。

（19）轿厢组件应放置于防雨、非潮湿处。

（20）轿厢组装完毕，应尽快挂好层门，以免非工作人员随意出入。

（21）轿门、轿壁的保护膜在交工前不要撕下，必要时再加保护层，如纸板、胶合板等。工作人员离开时锁好梯门。

（22）施工过程中如运送材料，在往轿厢搬运时，需用纸板或木板将轿厢地坎和厅门地坎遮住，以防垃圾掉入地坎槽内。

（23）门扇、门套有保护膜的要在竣工后才能把保护膜去掉。

（24）在施工过程中对层门组件要注意保护，不可将其碰坏，保证外观平整光洁，无划伤、撞伤痕迹。

（25）填充门套和墙之间的空隙要求有防止门套变形的措施。

（26）要防止杂物向井道内坠落，以免砸伤已安装的电梯部件。

(27) 补偿绳轮和油压缓冲器要有可靠的防尘措施，以免影响其功能。

(28) 补偿链环不能有开焊现象。补偿绳不能有断丝、锈蚀等现象。

(29) 修理曳引绳头，需将轿厢吊起时，应注意松去补偿钢丝绳的张紧装置，否则易发生倒拉现象，甚至拉断倒链造成轿厢坠落的严重事故。

(30) 钢丝绳、绳头组件等在运输、保管及安装过程中，严禁有机械性损伤。禁止在露天潮湿的地方放置。曳引绳表面应保持清洁不粘有杂质。

(31) 使用电气焊时要注意不要损坏钢丝绳，不可将钢丝绳作导线使用。

(32) 施工现场要有防范措施，以免电器零配件丢失、损坏。

(33) 机房、脚手架上的杂物、尘土要随时清除，以免坠落井道砸伤设备或影响电气设备功能。

(34) 轿内操纵盘及所有的层楼指示、召唤按钮的面板要加强保护，防止损伤，若土建不具备交工条件，试车完毕后应取下外面板妥善保管，并保护好盒内的器件。

(35) 对于易受外部信号干扰的电子线路，应有防干扰措施。

(36) 用铜线跨接时，连接螺丝必须加弹簧垫。各接地线应分别直接接到专用接地端子上，不得串接后再接地。

(37) 电梯机房应由安装调试人员管理，其他人员不得随意进入。机房的门窗须齐全，门应加锁，并标有"机房重地、闲人免进"字样。

(38) 机房需保证通风良好和保温，没有雨雪侵入的可能。

(39) 机房内应保持整洁、干燥、无烟尘及腐蚀性气体，不应放置与调试电梯无关的其他物品。

(40) 每日工作完毕时，应将轿厢停在顶层，以防楼内跑水造成电梯故障；将操纵箱上开关全部断开，并将各层门关闭，锁梯后将主电源拉闸断电。

9 安全环保措施

9.1 一般规定

9.1.1 施工人员入场前，有安全主管部门负责进行安全教育，由项目经理负责对作业班组进行安全技术交底。

9.1.2 每天上班前由班长负责进行班前安全讲话，说明当天工作应注意的安全事项。

9.1.3 作业人员必须遵守施工现场的安全、环保管理制度。

9.1.4 进入施工现场必须戴好安全帽，系好帽带；不得穿高跟鞋，不得在施工现场内吸烟。

9.2 井道内施工

9.2.1 在井道工作时应随身携带工具包，随时将暂时不用的工具、部件放入包内，防止坠落，作到干活脚下清，脚手架上不得存放杂物，加强消防意识，杜绝火灾隐患。

9.2.2 脚手架搭拆时操作人员必须有相应的特殊工种操作证，遵守脚手架搭设的操作规程，电梯首层设水平安全网，首层以上部位每隔四层设一道安全网，两台电梯井道相通时，不得有一落到底的空档，空档部位也要按规定悬挂安全网。安装过程有不合适的部位，需要移动架管时，一次只能移动一根并且固定好后方可移动另一根，移动完后，要检查扣件螺栓必须拧紧，该部位的工作结束后，要及时复位。

9.2.3 井内作业时，严禁同一井内交叉作业，以防工具、物料不慎坠落伤人。

9.2.4 井内施工时，作业人员必须拴好安全带、戴好安全帽。

9.2.5 注意检查层门防护挡板，出入井道后及时复位。

9.2.6 底坑施工时，不得试车。

9.3 现场搬运

9.3.1 设备搬运过程中，注意稳拿稳放，节奏要统一，以免伤人或损坏设备。

9.3.2 搬运对重框、对重块时要小心谨慎，既不要碰坏设备，又不要碰伤作业人员。

9.4 设备使用

9.4.1 使用卷扬机前应先检查其制动性能，确保工作可靠。

9.4.2 吊装曳引机等设备时应先检查倒链葫芦的工作性能，避免打滑损害设备。

9.4.3 汽油喷灯浇铸巴氏合金时，周围10m内应无易燃物。

9.4.4 使用汽油喷灯时，打气要合适，使用时不能面对他人，以免烧伤。

9.4.5 消除补偿链扭曲应力的可转轴心应悬挂在轿底位置，且加工时要考虑其承载能力。

9.5 设备吊装

9.5.1 提升导轨结束后，要及时将安全网复位。

9.5.2 曳引机工作面与机房地平不在一个水平面上时，提升过程中曳引机工作台上不得站人。

9.5.3 从井内吊升钢丝绳时，绳头连接要牢固。

9.5.4 吊装主机就位时，若曳引机需长时间悬吊，应在下面用木方或架管支撑牢固，放松吊链葫芦。

9.6 机械部件安装

9.6.1 轿厢组装平台要牢固，防止滑动，井道内应满铺脚手板。

9.6.2 轿厢组装时作业平台以下部位不得交叉作业。

9.6.3 拆除作业平台时，要拿稳脚手板等物件，防止滑落井内。

9.6.4 层门钩子锁未装好前，不得拆除层门防护栏杆。

9.6.5 层门安装过程，同一井道内不得交叉作业。

9.6.6 补偿链固定时要牢固可靠。

9.7 电气设备安装

9.7.1 电气设备接线时及井道照明安装时，严禁带电作业。

9.7.2 控制柜接线时，应预防人体静电对电子板的干扰。

9.7.3 端站的限位、极限开关必须可靠工作。

9.7.4 施工过程产生的废料要按规定放置，不得随意抛弃。

9.8 调 试

9.8.1 调试过程中应口令清晰、准确，必须有呼有应。

9.8.2 机房试车时，轿厢内不宜站人，封掉开门机线路，使轿厢不自动开门，快车运行正常后，再接通开门机构。

9.8.3 试车过程应在轿厢内张贴"正在调试 严禁乘坐"的标语。

9.8.4 试车时严禁封掉安全回路的开关，安全开关的故障必须排除后，才能继续试车。

9.9 环 保

9.9.1 施工过程中的废渣、废料等生活垃圾要放到现场规定的地方，不得随意放置，遵守现场的环保管理制度。

9.9.2 夜间加班动用机械时，要按现场规定动用机械设备，要有预防扰民措施。

9.9.3 设备夜间进场卸车时，应尽量避免晚上10点后进行，特别是离住宅小区较近时，必须按照现场的规定进行。

附 表

开箱点件记录　　　　　　　　　附表一

序号	品名规格	箱号	料号	单位	应发数量	缺少	破损	其他	备注
1									
2									
3									
4									
5									
6									
7									
8									
9									
10									
11									
12									

建设单位负责人：＿＿＿＿＿＿电梯厂家负责人：＿＿＿＿＿＿施工单位负责人：＿＿＿＿＿＿

土建交接检验记录表　　　　　　附表二

工程名称				
安装地点				
安装合同号			梯　号	
施 工 单 位			项目负责人	
安 装 单 位			项目负责人	
建设（监理）单位			项目负责人/监理工程师	
执行标准名称及编号				

	检 验 项 目	检 验 结 果	
		合　格	不合格
主控项目			
一般项目			

	验　收　项　目		
参加验收单位	施工单位	安装单位	建设（监理）单位
	项目负责人： 　年　月　日	项目负责人： 　年　月　日	项目负责人： （监理工程师） 　年　月　日

电梯安装样板架放线记录图表　　　　附表三

放线日期	年　月　日	单　位	mm

样板放线示意图

符号	部位名称	放线尺寸	符号	部位名称	放线尺寸
	轿厢宽度			轿厢中心与对重中心	
	轿厢导轨间距			轿厢导轨支架距离	
	对重导轨间距			对重导轨支架距离	
	门口净宽			门口工作线与轿厢中心	
	上样板对角线			下样板对角线	
备注	表中的符号字母与示意图中的字母一致				
施工员		验收人		放线人	

119

轿厢导轨安装质量记录

附表四

编号	导轨支架				导轨顶面间距误差	导轨垂直				导轨接头			
	水平度	焊口	防腐	垂直间距		左		右		编号	修光	台阶	缝隙
						A	B	A	B				
左										左			
右										右			
左										左			
右										右			
左										左			
右										右			
左										左			
右										右			
左										左			
右										右			
左										左			
右										右			
左										左			
右										右			
左										左			
右										右			
左										左			
右										右			
左										左			
右										右			
标准	≯1.5‰			≯2500	0~+0.8	5m≯0.6				≥300		≯0.05	≯0.5

检查人员	班组长	自检	互检	备注
签字				
日期				

对重导轨安装质量记录　　　　　附表五

编号	导轨支架				导轨顶面间距误差	导轨垂直				导轨接头			
	水平度	焊口	防腐	垂直间距		左		右		编号	修光	台阶	缝隙
						A	B	A	B				
左										左			
右										右			
左										左			
右										右			
左										左			
右										右			
左										左			
右										右			
左										左			
右										右			
左										左			
右										右			
左										左			
右										右			
左										左			
右										右			
左										左			
右										右			
标准	≯1.5%			≯2500	0～+1.5	5m≯1				≥300	≯0.05		≯1
检查人员	班组长			自检		互检				备注			
签字													
日期													

121

曳引机安装质量记录表　　　　　　附表六

部件名称	检查项目	内容及允许偏差	实测数据结果	备注
承重梁埋设	支撑长度	超过墙厚中心20mm,且≤75mm		
	相互水平度	≯1mm平行误差,以梁中心为准≯3mm		
钢绳孔洞	每边间隙	20～40mm,四周围台高度≥50mm		
曳引机底座	水平度	不设减振垫时,≯2‰		
	固定	双螺母锁紧(螺母在上面)		
	减振防跳	胶垫位置、数量及压实情况,防跳螺栓、顶压板及穿钉等安装应符合产品要求		
曳引轮	位置垂直	前后方向≯±2mm,左右方向≯±1mm		
导向、复绕轮		前后方向≯±3mm,左右方向≯±1mm		
曳引、导向轮	垂直度	空载或满载时均≯2mm		
曳引轮与导向轮(复绕轮)		平行度≯±1mm		
曳引轮、飞轮、限速器轮		外侧面应漆成黄色		
电动机或飞轮上应有与轿厢升降方向相对应的标志				
曳引机的油杯、油标齐全,油位清晰适中,除蜗杆伸出处外,均不得漏油				
电动机及风机		工作正常		
曳引绳划出轿厢在各层的平层标记,并将其识别图表挂在易观察的墙上				
制动器	销轴、销钉	档圈齐全,闸瓦、制动轮工作面清洁		
	动作灵活可靠	闸瓦紧密贴合在制动轮工作面上		
	松闸时	同步离开,其四周间隙平均值两侧各≯0.7mm		

续表

部件名称	检查项目	内容及允许偏差	实测数据结果	备注
制动器	线圈铁芯	吸合不撞击,其间隙、弹簧压力符合产品要求		
	松闸扳手	漆成红色,挂在易接近的墙上		
检查人员签字	班长	自检人	互检人	
检查日期				

对重装置、补偿链装置安装质量记录　　　附表七

部件名称	检查项目	标准要求	检查结果		备注
对重装置	与轿厢最小距离	50mm			
对重块	可靠紧固	不松动			
固定式导靴	与导轨顶面间隙之和	2.5±1.5mm	上左	上右	
			下左	下右	
弹性导靴	伸缩范围	≥4mm	上左	上右	
			下左	下右	
滚轮导靴	压力均匀、不歪斜、中心一致		左	右	
上下导靴	在同一直线上	不歪斜偏扭	左	右	
对重反绳轮	挡绳装置	齐全可靠			
	防护装置、润滑				
下撞板	底部距地 500mm,顶距地 1700mm		底	顶	
补偿链张紧装置	坨框距地面距离	≤200mm			
	导靴与导轨顶面间隙	1～2mm			
	防坨框跳出装置	牢固可靠			
	挡绳装置	齐全可靠	左	右	
	防护罩及润滑				
井道护栏	同井道多台电梯时,应设护栏	从轿厢或对重行程最低点延伸到最低层站地面以上2.5m			
	如运动部件间水平距离<0.3m,则护栏应贯穿全井道				
检查人员签字	班组长	自检人	互检人		
日期					

轿厢安装质量记录

附表八

部件名称	检查项目	标准要求	检查结果				备注
轿厢底盘	水平度	≯2/1000					四个边
轿架立柱	全高垂直度	≯1.5mm	左		右		
开关碰铁	垂直度	≯1/1000,≯3mm	正		侧		
门 刀		≯1.5mm	正		侧		
门侧轿壁		≯1/1000	左		右		
轿 门	中分门缝	≯1mm	上		下		
	对口平度	≯1mm	上		下		
轿顶反绳轮	垂 直	≯1mm					
	侧面与梁间隙	差值均≤1mm					
	防护罩挡绳装置及润滑齐全可靠						
轿 顶 轿 底	斜拉杆	双螺母锁紧					
活轿底	定位螺栓	满载间隙1~2mm					
固定式导靴	与导轨顶面间隙之和	2.5±1.5mm	上左		上右		
			下左		下右		
弹性导靴	伸缩范围	≯4mm	上左		上右		
滚轮导靴	压力均匀	中心一致不歪斜	下左		下右		
安全钳楔块	与导轨侧面间隙2~3mm（相互差值≯0.5mm）		左前		右后		按产品要求
			左后		右后		
安全钳口	与导轨顶面	间隙≤3mm					
护脚板	垂直高度	≤750mm					
轿 顶	防护栏	安装牢固					
检查人员	质检员	施工员	班组长		自检（操作）人		
签 字							
检查日期							

层门安装质量记录表   附表九

层、站、门		开门方式		开门宽度		门扇数	
国家级型式试验合格证书号					有效期		年 月 日

层站	门口水平位置偏差	联锁安全触点				啮合长度		自闭功能		关门阻止力	紧急开锁装置	层门地坎护脚板
		左1	左2	右1	右2	左	右	左	右			
标准	≯5mm	每扇门齐全可靠				≮7mm		灵活可靠		≯150N	安全可靠	平整可靠
备注												

检查人员	班组长	自检人	互检人
签 字			
日 期			

井道机械设备安装质量记录表　　　　　附表十

项　目	规范、标准要求					结果	备注
限速器铭牌	制造厂商名称、整定动作速度						
	型式试验标志、试验单位						
限速器	封记完好无损,标明安全钳动作相应方向						
	完全可接近,若在井道内应能从井道外接近						
	安装位置正确,运转平稳,润滑良好						
	底座牢固,当与安全钳联动时无颤动						
限速器钢绳	正常运行时不触及夹绳钳						
	距导轨两个方向差≯10mm	与导轨顶面		上部	下部		
		与导轨侧面					
限速器张紧装置	底部距底坑地面（mm）	2～3m/s	1.5～1.75m/s	0.25～1m/s	轿厢		
		750±50	550±50	400±50	对重		
补偿链	链环不得开焊,自然悬挂消除扭力						
	两端固定可靠、螺母锁紧、销钉齐全,并加钢绳保护						
	不得与井道内任何部件碰撞或摩擦,并有消音措施						
	当轿厢在最高位置时,补偿链距底坑地面≮100mm						
缓冲器铭牌	制造厂家						
	型式试验标志及试验单位						
缓冲器	缓冲器距撞板距离（mm）	蓄能型200～350		轿厢			
		耗能型150～400		对重			
	撞板与缓冲器的中心偏差	≯20mm					
	同基础两缓冲器顶与轿底距离差	≯20mm					
蓄能缓冲器	顶面不水平度≯4‰						
液压缓冲器	柱塞垂直度≯0.5%						
	便于检查液位,充液量正确						
随行缓冲器	底坑支座高度≮0.5m		轿厢		对重		
检查人员	班组长		自检人			互检人	
签　字							
日　期							

钢丝绳安装质量记录表 附表十一

项目		规范标准要求														结果	备注
曳引绳		应符合《电梯用钢丝绳》GB 8903 的规定															
		无打结、死弯、扭曲、断丝、松股、锈蚀等现象															
		擦洗洁净并消除内应力															
绳头做法		巴氏合金应一次与锥套浇注饱满,绳股弯曲符合要求															
		其他型式绳头做法应符合相应的要求															
绳头组合	安全可靠	部位	轿厢端							对重端							
		绳头编号	1	2	3	4	5	6	7	1	2	3	4	5	6	7	
		螺母锁紧															
		销钉开口															
		防扭钢绳															
钢丝绳张力与平均值偏差	不大于5%	绳头编号	1		2		3		4		5		6		7		
		各绳张力															
		平均值															
		偏差 %															

检查人员	班组长	自检人	互检人
签 字			
日 期			

电气装置安装质量记录表 附表十二（一）

检查项目	检查内容及规范标准要求	检查结果
主电源开关	位置在机房入口处，各台易识别，容量适当，距地面1.3~1.5m	
	不应切断与照明\通风，插座及报警电路有关的电源	
机房照明	与电梯电源分开，在机房入口处设开关，地面照度≮200lx	
轿厢	电源由非经主电源开关进线侧获得	
通风电路	应装设照明装置，或设置安全电压的电源插座	
轿顶照明及插座	轿顶检修220V电源插座（2P+PE型）应设明显标志	
	电源宜由机房照明回路获得，在机房入口处，设置保护开关	
接地保护	所有电气设备的外露可导电部分均应可靠接地或接零	
	保护线与工作零线始终分开，保护线采用黄绿双色绝缘导线	
	保护干线的截面积不得小于电源相线的1/2，支线采用裸铜线时不得小于4mm²，绝缘导线不得小于1.5mm²	
	各接地保护端应易识别，不得串联接地	
	电梯轿厢可利用随行电缆的钢芯或不少于2根芯线接地	
控制屏柜	布局合理，固定可靠，基础高出地面50~100mm	
	垂直度偏差≯1.5/1000	
	正面距门窗、维修侧距墙≮600mm	
	距机械设备≮500mm	
线路敷设	各台电梯的供电线应单独敷设或采取隔离措施	
	机房、井道内应使用金属电线管槽，严禁使用可燃性的管槽	
电线管槽	与轿厢、钢绳的距离：	机房内≮50mm
		井道内≮20mm
	水平和垂直偏差：	机房内≯2/1000
		井道内≯5/1000，全长≯50mm
	均应可靠接地或接零，但线槽、软管不得作保护线使用	
	轿厢顶部电线应敷设在被固定的金属电线管、槽内	

检查人员签字 日期	班组长	自检人	互检人

电气装置安装质量记录表　　附表十二（二）

项　目	规范及标准要求	结果	备注
电线槽	在机房地面敷设时，其壁厚≮1.5mm		
	安装牢固，每根线槽不应少于2点固定		
	接口严密、槽盖齐全平整，便于开启		
	出线口无毛刺，位置正确		
电线管	应用卡子固定，间距均匀		
	与线槽、箱盒连接时		
	暗敷设时，保护层厚度≮15mm		
金属软管	用于不易受机械损伤的分支线路，长度≯2m		
	不得损伤和松散，与箱、盒设备连接处应使用专用接头		
	安装平直，固定间距≯1m，端头固定距离≯0.1m		
	弯曲半径≮金属软管外径的4倍		
接线箱、盒	安装位置正确、平整牢固、盖板及固定螺丝齐全		
	盒体牢固平正，盒口不应突出装饰墙面		
	面板安装后与墙面贴实，不得明显变形和歪斜		
层门呼梯盒指示灯盒及开关盒	层门指示灯盒中心线与层门中心线偏差≯5mm		
	呼梯盒底边距地1.2~1.4m，盒边距层门边0.2~0.3m		
	并联电梯的呼梯盒装在两梯中间位置		
	并列梯各层门指示灯盒高度偏差≯5mm		
	并列各呼梯盒的高度偏差≯2mm		
	各呼梯盒距层门边距离偏差≯10mm		
	相对面的电梯，各层指示灯盒、呼梯盒的高度偏差≯5mm		
消防开关盒	设在基站呼梯盒的上方，其底边距地面高度为1.6~1.7m		
导线敷设	应使用额定电压不低于500V的铜芯绝缘导线		
	动力线和控制线应隔离敷设，抗干扰线路按产品要求，电线管、槽内无积水、污垢		
检查人员签字日期	班组长	自检人	互检人

电气装置安装质量记录表 附表十二（三）

项目	规范及标准要求	检查结果	备注
导线敷设	出入电线管、槽的电线应有护口或其他保护措施		
	电线槽弯角、导线受力处应加绝缘衬垫，垂直部分可靠固定		
	电线管内导线总截面积≯管内净截面积的40%		
	电线槽内导线总截面积≯槽内净截面积的60%		
	配线应绑扎整齐，接线编号齐全清晰		
	保护线端子和电压为220V以上的端子应有明显标记		
	线槽内应减少接头，接头冷压端子压接可靠，绝缘良好		
	全部电线接头、连接端子及连接器应设置于柜、盒内或为此目的而设置的屏上		
	留备用线，其长度与箱、盒内最长的导线相同		
轿厢和井道传感器	安装位置应符合图纸要求		
	遮挡板与感应器两侧间隙一致，与端面 10±2mm		
	若有双稳态开关，应与磁块间隙 5~10mm，中心偏差 ±1mm		
	支架应用螺栓固定，以便上下、左右调整		
	调整后须可靠紧固，其垂直水平偏差≯1mm		
轿厢操纵盘及面板	与轿壁贴实，洁净无划伤		
	按钮触动灵活无卡阻，信号清晰，无串光		
电气装置	附属构架，电线槽、电线管等，均应涂防锈漆或镀锌		

检查人员签字日期	班组长	自检人	互检人

电气安全装置安装质量记录表　　　　附表十三

序号	项　目	规　范　要　求	结果	备注
1	电源主开关	位置合理、容量适中、标志易识别		
2	断相、错相保护装置	断任一相或错相，电梯停止，不能启动		
3	上下限位开关	轿厢越程＞50mm时起作用		
4	上下极限开关	轿厢或对重撞缓冲器之前起作用		
5	上下强迫缓速开关	位置符合产品设计要求，动作可靠		
6	停止装置	轿顶、轿内、底坑进入位置≯1m、红色、停止		
7	检修运行开关	轿顶优先、易接近、双稳态、防误操作		
8	限速器电气安全装置	动作速度之前、同时（额定速度115%时）		
9	开关门和运行方向接触器	机械或电气联锁动作可靠		
10	安全钳电气安全装置	安全钳动作以前或同时使电机断电		
11	限速绳断裂、松弛保护装置	张紧轮下落大于50mm时		
12	耗能型缓冲器复位开关	缓冲器被压缩时，安全触点强迫断开		
13	轿厢安全窗安全门锁闭状态	如锁紧失效，应使电梯停止		
14	轿门安全保护装置	安全触板、光电保护、阻止关门力≯150N		
15	轿门锁闭状态及关闭位置	安全触点位置正确，无论是正常、检修或紧急电动操作均不能造成开门运行		
16	层门锁闭状态及关闭位置			
17	补偿链的张紧度及防跳装置	安全触点检查，动作时电梯停止运行		
18	程序转换及消防专用开关	返基站、开门、解除应答、运行、动作可靠		
19				
20				
21				
22				
23				

检查人员	班组长	自　检	互　检
签　字			
日　期			

电梯电气绝缘电阻测试记录表　　附表十四

工程名称				施工单位					
测试日期	年 月 日			天气情况			气温		℃
仪表型号				计量单位			MΩ（兆欧）		
测试内容	相（线）间			相对零			相（线）对地		零对地
回路名称	L_1-L_2	L_2-L_3	L_1-L_3	L_1-N	L_2-N	L_3-N	L_1-PE	L_2-PE	L_3-PE	N-PE
动力电源										
井道电源										
轿厢照明										
电动机 A										
电动机 B										
风　机										
制 动 器										
风　扇										
安全回路										
门锁回路										
报警回路										
控制回路										
信号回路										
随缆 A										
随缆 B										
随缆 C										
测试结论										
检查人员	班组长			自检人			互检人			
签　字										
日　期										

电梯负荷运行试验质量记录表　　　附表十五

电梯编号		层/站		额定载荷	kg	速度	m/s
电机功率	kW	电流	A	额定转速	r/min	电压	V

仪表型号　　电流表：　　　　电压表：　　　　转速表：

工况荷重		运行方向	电压(V)	电流(A)	电机转速(r/min)	轿厢速度(m/s)
%	kg					
0		上				
		下				
25		上				
		下				
50		上				
		下				
75		上				
		下				
100		上				
		下				
110		上				
		下				
125	下行至端站，及空载上行至端站，分别停层3次以上，轿厢应可靠制停，超载下行时切断供电，轿厢可靠制动					
150	当轿厢面积不能限制额定载荷时，历时10min，曳引绳不能打滑					

参加人员	建设单位	技术负责	项目经理	质检员	测试人
签　字					
测试日期					

电梯主要功能测试记录表　　附表十六

序号	项　目	规范及标准要求	测试结果	备注
1	基站启用、关闭开关	专用钥匙，运行、停止转换灵活		
2	工作状态选择开关	操纵盘上司机、自动、检修钥匙开关，可靠		
3	轿内照明、通风开关	功能正确、灵活可靠、标志清晰		
4	轿内应急照明	自动充电，电源故障时自动接通，大于1W1h		
5	本层厅外开门	按电梯停在某层的呼梯按扭，应开门		
6	自动定向	按先人为主的原则，自动确定运行方向		
7	轿内指令记忆	有多个选层指令时，电梯应顺序逐一停靠		
8	呼梯记忆、顺向截停	记忆厅外全部呼梯信号，按顺序停靠应答		
9	自动换向	全部顺向指令完成后，自动应答反向指令		
10	轿内选层信号优先	完成最后指令在关闭前，轿内优先登记定向		
11	自动关门待客	完成全部指令后，电梯自动关门，时间4~10s		
12	提早关门	按关门按钮，门不经延时立即关门		
13	钮开门	在电梯未起动前，按开门钮，门不打开		
14	自动返基站	电梯完成全部指令后，厅外呼梯不能截车		
15	司机直驶	司机状态，按直驶钮后，厅外呼梯不能截车		
16	营救运行	电梯故障停在层间时，自动慢速就近平层		
17	满载、超载装置	满载时截车功能取消，超载时不能运行		
18	轿内报警装置	应采用警铃、讲系统、外部电话		
19	最小负荷试验	空载轿厢运行最近层站后，消除登记信号		
20	门机断电手动开门	在开锁区，断电后，手扒开门的力≥300N		
21	紧急电源停层装置	备用电源将电梯就近平层开门		
22	并联及机群控制	按产品设计程序试验		
23				
24				

	测试人员	项目经理	质检员	班组长	参与人员
签　字					
日　期					

隐蔽工程质量记录表　　　　　　附表十七

工程名称		隐检项目	
检查部位		填写日期	

隐检内容	
	填表人：

检查意见	复核意见
年　月　日	年　月　日

建设单位	设计单位	施工单位
项目负责人：		项目负责人： 技术负责人： 质检员：

135

设计(技术)变更洽商记录表　　　附表十八

工地名称		建设单位	
变更部位		变更原因	

变更内容：

(视情况附变更设计文件)

建设单位项目负责人： (签字) 年　月　日	设计单位项目负责人 (签字)： 年　月　日	监理单位项目负责人 (签字)： 年　月　日	施工单位 项目经理 (签字) 年　月　日

经济洽商记录表　　　　附表十九

工地名称		建设单位	
洽商项目			

洽商内容：

(附变洽商预算资料)

建设单位项目负责人： （签字） 年　月　日	设计单位项目负责人 （签字）： 年　月　日	监理单位项目负责人 （签字）： 年　月　日	施工单位 项目经理 （签字） 年　月　日

二、液压式电梯安装施工工艺标准

1 总 则

1.1 适用范围

本工艺标准适用于额定载重量 5000kg 及以下各类液压驱动电梯安装工程，不适用于曳引电梯、自动扶梯、杂物梯的安装。

1.2 主要参考标准及规范

(1) GB 7588—1995《电梯制造与安全规范》
(2) GB 8903—1988《电梯用钢丝绳》
(3) GN/T 10058—1997《电梯技术条件》
(4) GB/T 10059—1997《电梯试验方法》
(5) GB 50310—2002《电梯工程施工质量验收规范》
(6) GB 10060—1993《电梯安装验收规范》
(7) GB/T 12974—1991《交流电梯电动机通用技术条件》
(8) GB/T 13435—1992《电梯曳引机》
(9) JG/T 5009—1992《电梯操作装置 信号及附件》
(10) JG/T 5010—1992《住宅电梯的配置和选择》
(11) DBJ 01—26—96《建筑安装分项工程工艺规程（第五分册）》
(12) JG/T 5072.1—1996《液压电梯》

2 术语、符号

2.1 术 语

2.1.1 电梯安装工程 installation of lifts, escalators and passenger conveyors

电梯生产单位出厂后的产品,在施工现场装配成整机至交付使用的过程。

2.1.2 电梯工程质量验收 acceptance of installation quality of lifts, escalators and passenger conveyors

企业对安装工程的质量控制资料、隐蔽工程和施工检查记录等档案材料进行审查,对安装工程进行普查和整机运行考核,并对主控项目全检和一般项目抽检,根据本企业工艺标准对工程质量作出确认。

2.1.3 液压驱动电梯 hydraulic drive lift

以液压系统驱动的电梯。

2.1.4 再平层 re-levelling

轿厢停住后,允许在装载或卸载期间进行校正轿厢停止位置的一种操作,必要时可使轿厢连续运动(自动或点动)。

2.1.5 平层准确度 leveling accuracy

轿厢到站停靠后,轿厢地坎上平面与层门地坎上平面之间的垂直方向的偏差值。

2.1.6 地坎 sill

轿厢或层门入口处出入轿厢的带槽的金属踏板。

2.1.7 速度控制 speed control

通过控制进出液压缸的液体流量,实现轿厢运行过程的速度调节。

2.1.8 变频调速系统 variable frequency speed control system

利用改变电动机的供电频率从而改变进入液压缸流量,即对电梯运行速度进行无级调速的系统。

2.2 符 号

2.2.1 V——电梯额定速度，单位：m/s；
2.2.2 a——轿厢的制动减速度，单位：m/s²；
2.2.3 Q——额定载重量，单位：kg。

3 基本规定

参见"曳引式电梯安装施工工艺标准"第3条。

4 施工准备

参见"曳引式电梯安装施工工艺标准"第4条。

5 材料和质量要求

5.1 材料的关键要求

同"曳引式电梯安装施工工艺标准"。

5.2 技术关键要求

同"曳引式电梯安装施工工艺标准"。

5.3 质量关键要求

5.3.1 导轨垂直度、扭曲度误差、门轮与地坎间隙需确保符合工艺标准及国家标准的要求。

5.3.2 绳头制作：绳头制作过程要严格按照本工艺6.9.2.3条的要求，以确保绳头的质量。

5.3.3 液压系统安装：应严格按照产品说明书进行，缸体需要现场连接时应连接到位，接头应平整、光滑，若有台阶应在厂方技术人员指导下进行，不可擅自打磨。

5.3.4 电梯调试：电梯启动、制动、加速度，整定值应符合设计及国标的要求，需用专用仪器测量。

5.4 职业健康安全关键要求

同"曳引式电梯安装施工工艺标准"。

5.5 环境关键要求

同"曳引式电梯安装施工工艺标准"。

6 施 工 工 艺

6.1 施工工艺流程图

样板架安装、挂基准线 → 导轨架及导轨安装 → 液压系统安装 → 对重安装 → 轿厢安装 → 层门安装 → 井道机械设备安装 → 钢丝绳安装 → 电气装置安装 → 整机调试

6.2 样板架安装、挂基准线

参见"曳引式电梯安装施工工艺标准"第6.2条。

6.3 导轨架及导轨安装工艺

参见"曳引式电梯安装施工工艺标准"第6.3条。

6.4 液压系统安装工艺

液压系统的种类较多，分单缸直顶式、单缸侧置直顶式、单缸侧顶倍率式、双缸侧置直顶式、双缸侧置倍率式等，见图6.4-1、图6.4-2、图6.4-3、图6.4-4、图6.4-5。

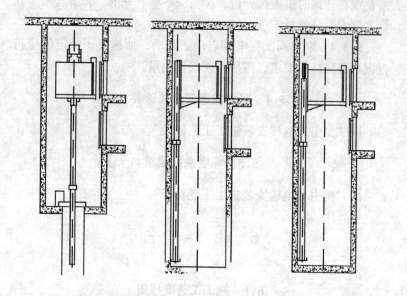

图 6.4-1 单缸直顶式　　图 6.4-2 单缸侧置直顶式　　图 6.4-3 单缸侧顶倍率式

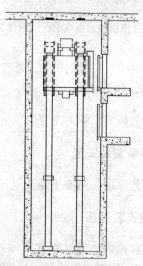
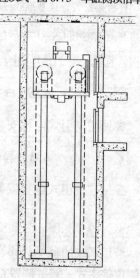

图 6.4-4 双缸直顶式　　　　图 6.4-5 双缸侧顶倍率式

6.4.1 工艺流程

准备工作 → 液压缸体安装 → 滑轮及梁安装 → 泵站安装 → 油管安装

6.4.2 操作工艺

6.4.2.1 准备工作

(1) 油缸支架按图纸固定好。

(2) 在轨道支架适当高度横放两根钢管，拴上吊索和吊链葫芦。

(3) 用手车配合人力把缸体运到井道门口，注意缸体中心不能受力，搬运时应使用搬运护具，以确保运输途中不磕碰、扭曲，见图 6.4.2.1-1。

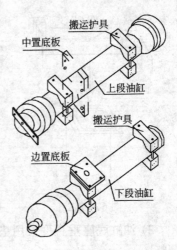

图 6.4.2.1-1

(4) 在层门口铺上木板或木方，拆除缸体上的护具，将油缸体按吊装方向慢慢移入梯井内，用吊链并配以吊索将油缸慢慢吊入地坑，放入两轨道之间并临时固定，注意吊点要使用油缸的吊装环，见图 6.4.2.1-2。

(5) 油管、油缸、泵站在搬运安装过程中严禁划伤、碰撞。

6.4.2.2 液压缸体安装

(1) 底座安装

1) 油缸底座用配套的膨胀螺栓固定在基础上，中心位置与图纸尺寸相符，油缸底座的

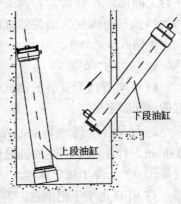

图 6.4.2.1-2

中心与油缸中心线的偏差不大于1mm，见图6.4.2.2-1。

2）油缸底座顶部的水平偏差不大于1/600。油缸底座立柱的垂直偏差（正、侧面两个方向测量）全高不大于0.5mm，见图6.4.2.2-2。

图6.4.2.2-1　　　　　图6.4.2.2-2

3）油缸底座垂直度可用垫片配合调整。

4）如果油缸和底座不用螺丝连接的，采用下述方法固定：油缸在底座平台上的固定在前后左右四个方向用四块挡铁三面焊接，挡住油缸以防移动。见图6.4.2.2-3。

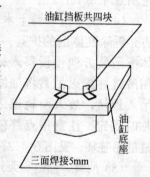

图6.4.2.2-3

（2）油缸的安装

1）在对着将要安装的油缸中心位置的顶部固定吊链。

2）用吊链慢慢地将油缸吊起，当油缸底部超过油缸底座200mm时停止起吊，使油缸慢慢下落，并轻轻转动缸体，对准安装孔，然后穿上固定螺栓。

3）用U形卡子把油缸固定在相应的油缸支架上，但不要把U形卡子螺丝拧紧（以便调整）。

4）调整油缸中心，使之与样板基准线前后，左右偏差小于 2mm，见图 6.4.2.2-4。

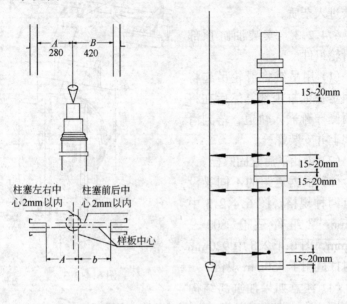

图 6.4.2.2-4　　　　　图 6.4.2.2-5

（3）用通长的线坠、钢板尺测量油缸的垂直度。正面、侧面进行测量；测量点在离油缸端点，或接口 15～20mm 处，全长偏差要在 0.4‰ 以内。按上述所规定的要求找好后，上紧螺丝，然后再进行校验，直到合格为止。见图 6.4.2.2-5。

油缸找好固定后，应把支架可调部分焊接以防位移。

（4）上油缸顶部安装有一块压板，下油缸顶部装有一吊环，该板及吊环是油缸搬运过程中的保护装置、吊装点，安装时应拆除。

（5）两油缸对接部位应连接平滑，丝扣旋转到位，无台阶，否则必须在厂方技术人员的指导下方可处理，不得擅自打磨。

（6）油缸抱箍与油缸接合处，应使油缸自由垂直，不得使缸体产生拉力变形。

(7) 油缸安装完毕，柱塞与缸体结合处必须进行防护，严禁进入杂质。

6.4.2.3 安装油缸顶部的滑轮组件

(1) 用吊链将滑轮吊起将其固定在油缸顶部，然后在将梁两侧导靴嵌入轨道，落到滑轮架上并安装螺栓。

(2) 梁找平后紧固螺栓。

(3) 根据道距的不同梁设计有两种规格，图6.4.2.3中770mm梁组件适合800～900mm，图6.4.2.3中920mm梁组件适用于950mm规格。

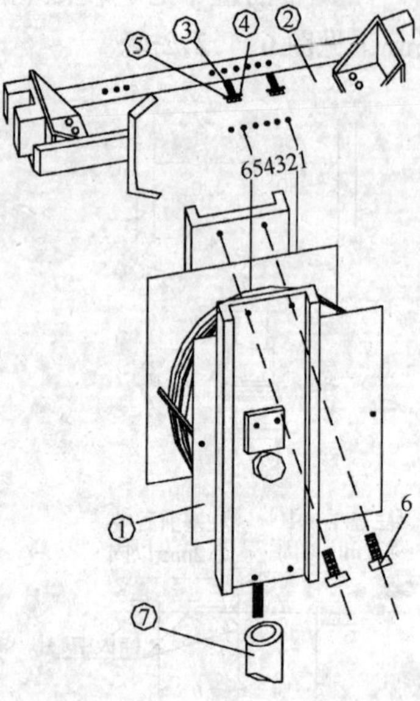

(4) 注意如果油缸离结构墙较近，油缸找直固定前，应先把滑轮组件安装上。具体连接方法见图6.4.2.3。

(5) 油缸中心、滑轮中心必须符合图纸及设计要求，误差不应超过0.5mm。

图6.4.2.3

6.4.2.4 泵站安装

(1) 设备的运输及吊装

(2) 液压电梯的电机、油箱及相应的附属设备集中装在同一箱体内，称为泵站。泵站的运输、吊装、就位要由起重工配合操作。

(3) 泵站吊装时用吊索拴住相应的吊装环，在钢丝绳与箱体棱角接触处要垫上布、纸板等细软物以防吊起后钢丝绳将箱体的棱角、漆面磨坏。

(4) 泵站运输要避免磕碰和剧烈的振动。

(5) 泵站稳装

1）机房的布置要按厂家的平面布置图且参照现场的具体情况统筹安排。一般泵站箱体距墙留500mm以上的空间，以便维修。如图6.4.2.4所示。

2）无底座、无减振胶皮的泵站可按厂家规定直接安放在地面上，找平找正后用膨胀螺栓固定。

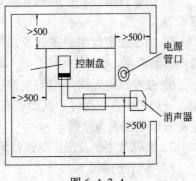

图 6.4.2.4

6.4.2.5 油管安装

（1）安装前的准备工作

1）施工前必须清除现场的污物及尘土，保持环境清洁、以免影响安装质量。

2）根据现场实际情况核对配用油管的规格尺寸，若有不符应及时解决。

3）拆开油管口的密封带对管口用煤油或机油进行清洗（不可用汽油，以免使橡胶圈变质）然后用细布将锈沫清除。

（2）油管路的安装

1）油管口端部和橡胶封闭圈里面用干净白绸布擦干净以后，涂上润滑油。将密封圈轻轻套入油管头。

2）泵站按上图的要求就位后，要注意防振胶皮要垂直压下，不可有搓、滚现象。见图6.4.2.5-1。

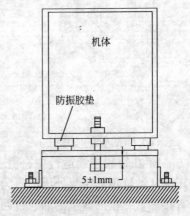

图 6.4.2.5-1

3）把密封圈套入后露出管口，把要组对的两管口对接严密。

4）把密封圈轻轻推向两管接口处，使密封圈封住的两管长度相等。

5）用手在密封圈的顶部及两侧均匀地轻压，使密封圈和油管头接触严密。

6）在橡胶密封圈外均匀地涂上液压油，用两个管钳一边固定，一边用力紧固螺母。其要求应遵照厂家技术文件规定，无规定的应以不漏油为原则。

7）油管与油箱及油缸的连接均采用此方法。

（3）油管的固定

在要固定的部位包上专用的齿型胶皮，使齿在外边。然后用卡子加以固定。也有沿地面固定的，方法是直接用Ω形卡打胀塞固定，固定间距为1000～1200mm为宜。见图6.4.2.5-2。

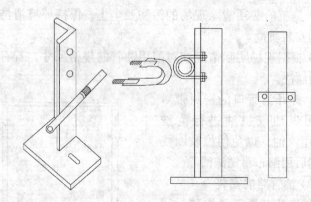

图 6.4.2.5-2

（4）回油管的安装

1）在轿厢连续运行中，由于柱塞的反复升降，会有部分液压油从油缸顶部密封处压出。为了减少油的损失，在油缸顶部装有接油盘，接油盘里的油通过回油管送回到储油箱。回油管头和油盘的连接应十分认真。

2）回油管因为没有压力，连接处不漏油即可。但回油管途径较长，固定要美观、合理。固定在不易碰撞、践踏地方。

3）油管连接处必须在安装时才可拆封，擦拭时必须使用白绸布，严禁残留任何杂物。

4）所有油管接口处必须密封严密，严禁漏油。

6.4.3 质量记录

液压系统安装质量检测记录见附表。

6.5 平衡重安装工艺

参见"曳引式电梯安装施工工艺标准"第6.5条。

6.6 轿厢安装工艺

参见"曳引式电梯安装施工工艺标准"6.6条。

6.7 层门安装工艺

参见"曳引式电梯安装施工工艺标准"6.7条。

6.8 井道机械设备安装工艺

参见"曳引式电梯安装施工工艺标准"6.8条。

6.9 钢丝绳安装工艺（如果有）

参见"曳引式电梯安装施工工艺标准"6.9条。

6.10 电气装置安装工艺

参见"曳引式电梯安装施工工艺标准"6.10条。

6.11 调整试验、试运行

6.11.1 工艺流程

准备工作 → 电气线路检查试验 → 液压系统性能检测试验 → 运行试验 → 各安全装置检查试验 → 载荷试验 → 功能试验

6.11.2 操作工艺

6.11.2.1 准备工作

(1) 随机文件的有关图纸、说明书应齐全。调试人员必须掌握电梯调试大纲的内容、熟悉该电梯的性能特点和测试仪器仪表的使用方法，调试认真负责，细致周到，并严格做好安全工作。

(2) 对导轨、层门导轨等机械电气设备进行清洁除尘。

(3) 对全部机械设备的润滑系统，均应按规定加好润滑油，齿轮箱应冲洗干净，加好符合产品设计要求的齿轮油。

6.11.2.2 电气线路检查试验

(1) 电气系统的安装接线必须严格按照厂方提供的电气原理图和接线图进行，要求正确无误，连接牢固，编号齐全准确，不得随意变更线路标号，如发现错误必须变更时，必须在安装图上作好标记并向厂家备案。

(2) 测试各有关电气设备、线路的绝缘电阻值均不应小于 $0.5M\Omega$，并做好测试记录（当电梯采用 PC 机、微机控制时，不得用摇表测试）。

(3) 所有电气设备的外露金属部分均应可靠接地。

(4) 检查控制柜（屏）内各电器、元件应外观良好，标志齐全，安装牢固，所有接线接点应接触良好无松动，继电器、接触器动作灵活可靠。微机插件的电子元器件应不松动、无损伤，各焊点无虚焊、漏焊现象。插接件的插拔力适当，接触可靠，插接后锁定正常，标志符号清晰齐全。

(5) 在液压电梯机房控制柜（屏）处，取掉曳引机连线，采用手动吸合继电器、短接开关、按钮开关控制导线等方法模拟选层按钮、开关门的相应动作，观察控制柜上的信号显示、继电器及接触器的吸合状况；检查电梯的选层、定向、换速、截车、平层、停止等各种动作程序是否正确；门锁、安全开关、限位开关是否在系统中起作用；继电器、接触器的机械、电气联锁是否正常；电动机启动、换速、制动的延时是否符合要求，以及电气元件动作是否正常可靠，有无不正常的振动、噪音、过热、粘接、接触不良等现象。

6.11.2.3 液压系统性能检测试验

(1) 额定速度试验

在液压电梯平稳运行区段（不包括加、减速度区段），事先确定一个不少于 2m 的试验距离。电梯启动以后，用行程开关或接近开关和电秒表分别测出通过上述试验距离时，空载轿厢向上运行所消耗的时间和额定载重量轿厢向下运行所消耗的时间，并按公式（1）和公式（2）计算速度（试验分别进行 3 次，取其平均值）：

$$v_1 = L/t_1 \tag{1}$$

$$v_2 = L/t_2 \tag{2}$$

式中 v_1——空载轿厢上行速度，m/s；
t_1——空载轿厢运行时间，s；
L——试验距离，m；
v_2——额定载重量轿厢下行运行速度，m/s；
t_2——额定载重量轿厢运行时间，s。

空载轿厢上行速度对于上行额定速度的相对误差按公式（3）计算：

$$\Delta v_1 = [(v_1 - v_m)/v_m] \times 100\% \tag{3}$$

式中 Δv_1——相对误差；
v_m——下行额定速度，m/s。

额定载重量轿厢下行速度对下行额定速度的相对误差按公式（4）计算：

$$\Delta v_2 = [(v_2 - v_d)/v_d] \times 100\% \tag{4}$$

测量和计算结果，分别记入表 6.11.2.3 中。

额定速度试验记录表　　　　表 6.11.2.3

液压电梯型号		厂家			
工程名称		建设单位			
上行试验序号	1	2		3	平均
运行区段距离 L，m					
空载运行时间 t_1，s					
空载上行速度 $v_1=$					
下行试验序号	1	2		3	平均
运行区段距离 L，m					
空载运行时间 t_2，s					
空载下行速度 $v_2=$					
相对误差 ≯8%	$\Delta v_1=[(v_1-v_m)/v_m]\times 100\%=$				
	$\Delta v_2=[(v_2-v_d)/v_d]\times 100\%=$				

(2) 液压泵站

1) 外渗漏试验：将液压油加至规定的油位，观察油箱、配管各密封面，应无渗漏现象。

2) 保压试验：将压力管路的压力调至系统工作压力的 1.5 倍，运转 10min，检查系统各处应无渗漏现象。

3) 调速特性试验：根据系统的压力、流量的要求，测定启动、加速、运行、减速、平层、停止的特性参数。

(3) 液压油缸

1) 最低启动压力试验：在液压油缸柱塞杆头部不受力的情况下（油缸可横置），调节压力阀使系统压力逐渐上升，直至柱塞杆均匀向前运动时，记录其压力值，应符合产品说明书要求。

2) 超压试验：将液压油缸加压至额定工作压力的 1.5 倍，保压 5min，各处应无明显变形、无渗漏现象。

3) 稳定性试验：在油缸柱塞头部加载至额定值，测量柱塞杆中部挠度在加载前后的变化值，应无明显残余变形。

(4) 限速切断阀

1) 耐压试验：在额定工作压力的 1.5 倍的情况下，保压 5min，检查阀体及接头应无渗漏现象。

2) 限速性能试验：在额定工作压力和流量的情况下，突然降低阀入口处的压力，试验阀芯关闭液压油缸中的逆流回油所需时间，应符合设计要求。

3) 调节限速切断阀的调节螺钉，测定该阀的正常流量范围，应符合设计要求。

(5) 电动单向阀

1) 耐压试验：在额定工作压力的 1.5 倍的情况下，保压 5min，检查阀体及接头处应无外漏，单向阀处应无内漏。

2) 启闭特性试验：在额定工作压力和流量的情况下，分别测定在背压为 0 及背压为额定压力时单向阀主阀芯的开启和关闭时间应符合设计要求。

(6) 手动下降阀（手动单向阀、截止阀）

1) 内泄露试验：在额定工作压力的 1.5 倍的情况下，保压 5min，检查应无泄露。

2) 调节特性试验：在额定工作压力和流量的情况下，开启阀芯，测量通过阀的流量，应符合产品设计要求。

6.11.2.4 运行试验

(1) 在检修状态试运行正常后，各层层门关好，门锁可靠，方可进行快车状态运行。

(2) 平层感应器的调整：初调时，轿顶装的上、下平层感应器的距离可取井道内装的隔磁板长度再加约 100mm。精调时以基站为标准，调准感应器的位置，其他站则调整井道内各感应板的位置。

(3) 自动门调整：

1) 调整门杠杆，应使门关好后，其两臂所成角度小于 180°，以便必要时，人能在轿厢内将门扒开。

2) 在轿顶用手盘门，调整控制门速行程开关的位置。

3) 通电进行开门、关门，按产品说明书调整门机控制系统使开关门的速度符合要求。开门时间一般调整在2.5~4s左右。关门时间一般调整在3~5s左右。

4）安全触板应功能可靠。

（4）轿厢平层准确度测试：液压电梯平层准确度应在±15mm以内。

（5）噪声试验

噪声测试：电梯的各结构和电气设备在工作时不得有异常振动或撞击噪声，噪声值符合表6.11.2.4中的规定。

电梯的噪声值（dB）　　　表6.11.2.4

项目	机房	运行中轿内	开关门过程
噪声值	平均	最大	
	≤85	≤55	≤65 |// 注：载货电梯仅考核机房噪声值

注：载货电梯仅考核机房噪声值

6.11.2.5 安全装置检查试验

（1）过负荷及短路保护

1）电源主开关应具有切断电梯正常使用情况下最大电流的能力，其电流整定值、熔体规格应符合负荷要求，开关的零部件应完整无损伤。

2）该开关不应切断轿厢照明、通风、机房照明、电源插座、井道照明、报警装置等供电电路。

3）开关的接线应正确可靠，位置标高及编号标志应符合要求。

（2）相序与断相保护：三相电源的错相可能引起电梯冲顶、撞底或超速运行，电源断相会使电动机缺相运行而烧毁。要求断相和错相保护必须可靠。

（3）方向接触器及开关门继电器机械联锁保护应灵活可靠。

（4）极限保护开关应在轿厢或平衡重接触缓冲器之前起作用，在缓冲器被压缩期间保持其接点断开状态。极限开关不应与限位开关同时动作。

(5) 限位（越程）保护开关：当轿厢地坎超越上、下端站地坎平面 50mm 至极限开关动作之前，电梯应停止运行。

(6) 强迫缓速装置：开关的安装位置应按电梯的额定速度、减速时间及制停距离而定，具体安装位置应按制造厂方的安装说明及规范要求而确定。试验时置电梯于端站的前一层站，使端站的正常平层减速失去作用，当电梯快车运行，碰铁接触开关碰轮时，电梯应减速运行到端站平层停靠。

(7) 安全（急停）开关

1) 电梯应在机房、轿顶及底坑设置使电梯立即停止的安全开关。

2) 安全开关应是双稳态的，需手动复位，无意的动作不应使电梯恢复服务。

3) 该开关在轿顶或底坑中，距检修人员进入位置不应超过 1m，开关上或近旁应标出"停止"字样。

4) 如电梯为无司机运行时，轿内的安全开关应能防止乘客操纵。

(8) 检修开关及操作按钮

1) 轿顶的检修控制装置应易于接近，检修开关应是双稳态的，并设有无意操作的防护。

2) 检修运行时应取消正常运行和自动门的操作。

3) 轿厢运行应依靠持续按压按钮，防止意外操作，并标明运行方向，轿厢内检修开关必须有防止他人操作的装置。

4) 检修速度不应超过 0.63m/s，不应超过轿厢正常的行程范围。

5) 当轿顶和轿内及机房均设这一装置时，应保证轿顶控制优先的形式，在轿顶检修接通后，轿内和机房的检修开关应失效。检查时注意不允许有开层门走车的现象。

(9) 紧急运行装置

1) 紧急电动运行开关及操作按钮应设置在易于直接观察到曳引机的地点。

2) 该开关本身或通过另一个电气安全装置可以使限速器、安全钳、缓冲器、终端限位开关的电气安全装置失效,轿厢速度不应超过 0.3m/s。

3) 该操作装置给电梯的调试工作、检修工作及故障处理带来便利。注意该装置不应使层门锁的电气安全保护失效。

4) 可使用泵站上设置的使轿厢下降的手动控制装置,该阀需用人力不断操作。

(10) 限速器动作保护开关:

1) 当轿厢运行达到 115% 额定速度时,限速切断阀动作,停止轿厢运行。

2) 该开关应是非自动复位的,在限速器未复位前,电梯不能起动。

(11) 安全钳动作保护开关:该开关一般装在轿厢架上梁处,由安全钳联动装置动作带动其动作,迫使曳引机停止运转。该开关必须采用人工复位的形式。

(12) 安全窗保护开关:有的电梯设有安全窗,开启方向只能向上,开启位置不得超过轿厢的边缘,当开启大于 50mm 时,该开关应使检修或快车运行的电梯立即停止。

(13) 限速器钢绳张紧保护开关:当其配重轮下落大于 50mm 或钢绳断开时,保护开关应立即断开,使电梯停止运行。

(14) 液压缓冲器压缩保护开关:耗能型缓冲器在压缩动作后,须及时回复正常位置。当复位弹簧断裂或柱塞卡住时,在轿厢或对重再次冲顶或撞底时,缓冲器将失去作用是非常危险的。因此必须设有验证这一正常伸长位置的电气安全开关接通后,电梯才能运行。

(15) 安全触板、光电保护、关门力限制保护:在轿门关闭期间,如有人被门撞击时,应有一个灵敏的保护装置自动地使门重新开启。阻止关门所需的力不得超过 150 N。

(16) 层门锁闭装置:切断电路的接点与机械锁紧之间必须直接连接,应易于检查,宜采用透明盖板,检查锁紧啮合长度至少 7mm 时，电梯才能起动。每一层门必须认真检查。

(17) 满载超载保护

1) 当轿厢内载有 90% 以上的额定载荷时，满载开关应动作，此时电梯顺向载车功能取消。

2) 当轿内载荷大于额定载荷时，超载开关动作，操纵盘上超载灯亮铃响，且不能关门，电梯不能启动运行。

(18) 轿内报警装置

1) 为使乘客在需要时能有效向外求援，轿内应装设易于识别和触及的报警装置。

2) 该装置应采用警铃、对讲系统、外部电话或类似装置。建筑物内的管理机构应能及时有效地应答紧急呼救。

3) 该装置在正常电源一旦发生故障时，应自动接通能够自动充电的应急电源。

(19) 闭路电视监视系统：为了准确统计客流量和及时地解救乘客突发急病的意外情况以及监视轿厢内的犯罪行为，可在轿厢顶部装设闭路电视摄像机，摄像机镜头的聚焦应包括整个轿厢面积，摄像机经屏蔽电缆与保安部门或管理值班室的监视荧光屏连接。

(20) 安全钳的检查试验

1) 瞬时式安全钳试验。轿厢有均匀分布的额定载荷，以检修速度下行时，可人为地使限速器动作，此时安全钳应将轿厢停于导轨上，曳引绳应在绳槽内打滑。

2) 渐近式安全钳试验。在轿厢有均匀分布的 125% 额定载荷，以平层速度或检修速度下行的条件进行，试验的目的是检查安装调整是否正确，以及轿厢组装、导轨与建筑物连接在牢固程度。

3) 在电梯底坑下方具有人通过的过道或空间时，平衡重也应设置安全钳，其限速器动作速度应高于轿厢安全钳的限速器动作速度，但不得超过 10%。

(21) 缓冲器的检查试验

1）蓄能型（弹簧）缓冲器试验。在轿厢以额定载荷和检修速度、对重以轿厢空载和检修速度下分别碰撞缓冲器，至使曳引绳松弛。

2）耗能型（液压）缓冲器试验。额定载荷的轿厢或对重应以检修速度与缓冲器接触并压缩 5min 后，以轿厢或对重开始离开缓冲器直到缓冲器回复到原状止，所需时间应少于 120s。

6.11.2.6 载荷试验

（1）运行试验：轿厢分别以空载、50%额定载荷和额定载荷三个工况，并在通电持续率 40%情况下，到达全行程范围，按 120 次/h，每天不少于 8h，往复升降各 1000 次（电梯完成一个全过程运行为一次，即关门→额定速度运行→停站→开门）。电梯在启动、运行和停止时，轿厢应无剧烈振动和冲击，制动可靠。油的温升均不应超过 60℃且温度不应超过 85℃。液压系统各处不得有渗漏油。

（2）超载试验：轿厢加入 110%额定载荷，断开超载保护电路，由底层至顶层往复运行 30min，电梯应能可靠地启动、运行和停止，制动可靠，液压系统工作正常，各处无渗漏油现象。

（3）超载净负荷试验

将轿厢停止在底层平层位置，在轿厢中连续平稳、对称地施加 200%的额定载重量，保持 5min，仔细观察各部件应无发生永久变形和损坏，钢丝绳绳头组合处无松动，液压装置各部位应无渗漏现象，轿厢应无不正常沉降。

（4）额定载荷沉降试验

将额定载重量的轿厢停靠在最高层站，停梯 10min，沉降量不应大于 10mm。

6.11.2.7 电梯功能试验：电梯的功能试验根据电梯的类型、控制方式的特点，按照产品说明书逐项进行。

6.11.3 质量记录

同曳引式电梯安装施工工艺标准记录；液压系统检测见附表。

7 质量标准

7.1 主控项目

参见"曳引式电梯安装施工工艺标准"7.1条。

7.2 一般项目

7.2.1～7.2.10同"曳引式电梯安装施工工艺标准"。

7.2.11 整机调试

7.2.11.1 液压电梯安装后应进行运行试验；轿厢在额定载重量工况下，按产品设计规定的每小时启动次数运行1000次（每天不少于8h）。液压电梯应平稳、制动可靠、连续运行无障碍。

7.2.11.2 噪声检验应符合下列规定：

(1) 液压电梯的机房噪声不应大于85dB（A）；

(2) 乘客液压电梯和病床液压电梯运行中轿内噪声不应大于55dB（A）；

(3) 乘客液压电梯和病床液压电梯的开关门过程噪声不应大于65dB（A）。

7.2.11.3 平层准确度检验应符合下列规定：

液压电梯平层准确度应在±15mm范围内。

7.2.11.4 运行速度检验应符合下列规定：

空载轿厢上行速度与上行额定速度的差值不应大于上行额定速度的8%；载有额定载重量的轿厢下行速度与下行额定速度的差值不应大于下行额定速度的8%。

7.2.11.5 额定载重量沉降量试验应符合下列规定：

载有额定载重量的轿厢停靠在最高层站时，停梯10min，沉降量不应大于10mm，但因油温变化而引起的油体积缩小所造成的沉降不应包括在10mm内。

7.2.11.6 液压泵站溢流阀压力检查应符合下列规定：

液压泵站上的溢流阀应设定在系统压力为满载压力的140%～170%时动作。

7.2.11.7 超压静载试验应符合下列规定：

将截止阀关闭，在轿内施加200%的额定载荷，持续5min后，液压系统应完好无损。

8 成品保护

同"曳引式电梯安装施工工艺标准"。

9 安全环保措施

同"曳引式电梯安装施工工艺标准"。

附 表

同"曳引式电梯安装施工工艺标准"。

液压系统安装质量检测记录表　　　　附表

部件名称	规范及标准要求	检查结果	备注
运行速度偏差	空载轿厢上行速度与上行额定速度的差值≯8%；在有额定载重量的轿厢下行速度与下行额定速度的差值≯8%		
沉降试验	载有额定载重量的轿厢停靠在最高层站，停梯10min，沉降量≯10mm		
溢流阀压力	液压泵站上的溢流阀应设定在系统压力为满载压力的140%～170%时动作		
超压净载荷试验	将截止阀关闭，在轿内施加200%的额定载荷，持续5min后，液压系统完好无损，无渗漏油现象		

续表

部件名称	规范及标准要求	检查结果	备注
缸体垂直度	严禁大于 0.4‰		
液压管路	连接可靠,无渗漏油现象		
油标、压力显示	液压泵站油位及显示系统工作压力的压力表显示清晰、准确		
手动下降阀	在额定工作压力的 1.5 倍的情况下保压 10min,应无渗漏油		
电动单向阀	在额定工作压力的 1.5 倍的情况下保压 5min,阀体及接头处应无渗漏,单向阀处无渗漏		
限速切断阀	在额定工作压力的 1.5 倍的情况下保压 5min,阀体及接头处应无渗漏		
	调节限速切断阀的调节螺钉,检测正常流量范围应符合设计要求		
液压油缸	将液压油缸加压至额定工作压力的 1.5 倍,保压 5min,缸体各处无渗漏		
	将液压柱塞头部加载至额定值,柱塞杆中部挠度在加载前后应无明显变形		

检查人员签字	项目经理	班组长	自检人	互检人
日期				

三、自动扶梯、自动人行道安装施工工艺标准

1 总 则

1.1 适用范围

本工艺标准适用于自动扶梯、自动人行道的安装工程，不适用于垂直提升的电梯设备。

1.2 主要参考标准及规范

1.2.1 GB 50310—2002《电梯工程施工质量验收标准》

1.2.2 GB/T 7024—1997《电梯、自动扶梯、自动人行道术语》

1.2.3 GB 16899—1997《自动扶梯和自动人行道的制造与安装安全规范》

1.2.4 JB/T 8545—1997《自动扶梯梯级链、附件及滚轮》

1.2.5 《电梯与自动扶梯技术规范》学苑出版社

1.2.6 GB 50310—2002《电梯工程施工质量验收规范》

2 术语、符号

2.1 术 语

2.1.1 自动扶梯 escalator

带有循环运动梯路向上或向下倾斜输送乘客的固定电力驱动设备。

2.1.2 自动人行道 passenger conveyor

带有循环运动走道（例如板式或带式）水平或倾斜输送乘客的固定电力驱动设备。

2.1.3 扶手带 handrail

供乘客手扶的运动部件。

2.1.4 梳齿板 comb

位于两端出入口处，为方便乘客的过渡并与梯级、踏板或胶带啮合的部件。

2.1.5 防夹装置 deflector device

使梯级与围裙板之间夹持异物的危险为最小的一种装置。

2.1.6 额定速度 rated speed

自动扶梯或自动人行道的梯级、踏板或胶带在空载情况下的运行速度，也是由制造厂商所设计确定并实际运行的速度。

2.1.7 倾斜角 angle of inclination

梯级、踏板或胶带运行方向与水平面构成的最大角度。

2.2 符　　号

v——额定速度。

3 基本规定

3.1 现场质量管理制度

3.1.1 具有完善的验收标准、安装工艺及施工操作规程（或施工组织设计）。

3.1.2 具有本企业制定的包含施工全过程的各个工序的安装工程过程控制文件及项目质量计划。

3.2 扶梯安装工程施工质量控制制度

3.2.1 扶梯安装前,对施工现场应具备的施工条件勘察确认后,应进行土建交接检验,并填写书面交接记录,见附表二 土建交接记录。

3.2.2 扶梯设备进场验收,应三方(厂家、业主代表、安装单位)共同进行,并将缺损件填写在扶梯开箱点件记录表上,见附表一 扶梯开箱点件记录表。

3.2.3 扶梯安装的各道工序均需要按照自检、互检、班长及项目经理确认的质量控制制度进行确认,隐蔽工程项目作业前必须事先邀请业主代表(监理工程师)到场确认并在相关质量记录表上签字,班长负责及时填写各道工序的质量记录表,每道工序合格后报请本企业质量管理部门检查确认。

3.2.4 安装企业工程质量管理部门,根据项目的检验计划及时进行各工序的质量检查确认,并对不合格项提出书面整改意见并确认,全部合格后填写当地政府质量验收部门规定的质量验收记录表格。

3.2.5 安装过程中若需要技术变更,应事先得到厂家及业主(监理工程师)的签字确认后进行,技术变更记录表见附表三;变更项目若涉及到经济问题,应在变更项目完成后,及时办理变更项目经济洽商,经济洽商记录表格见附表四。

3.3 报请当地政府质量监督验收部门前,扶梯安装工程应具备的条件

3.3.1 参加安装工程施工和质量验收人员应具备相应的资格。

3.3.2 承担有关安全性能检测的单位,必须具有相应资格。仪器设备应满足精度要求,并应在检定有效期内。

3.3.3 分项工程质量验收应在企业内部自检合格的基础上

进行。

3.3.4 分项工程质量应分别按主控项目和一般项目检查验收。

3.3.5 隐蔽工程应在企业内部检查合格后,在隐蔽前通知有关单位验收,并形成验收文件。

4 施工准备

4.1 技术准备

4.1.1 熟悉有关扶梯安装质量验收规范。

4.1.2 熟悉厂家提供的扶梯安装图册及安装说明。

4.1.3 确定施工方案

4.1.3.1 确定吊装方案:施工现场的情况不一,施工前应首先对现场进行勘察,选择合适的吊装方案,确保设备的完好及施工人员的安全。一般施工时采用半机械化的吊装方案,如果全部采用吊车吊装,虽然方便快捷,但投入较大,而且吊车所需的工作场地大,大部分施工现场难以满足电梯安装的要求,应根据现场具体情况而定。

4.1.3.2 编写施工组织设计:根据安装合同和工地实际情况及产品特点编写施工组织设计,为工程施工提供可靠的指导性作业文件。

4.2 材料准备

4.2.1 主材:扶梯设备零部件开箱后,应妥善保管,现场应能提供可封闭的库房,材料堆放应分类整齐码放,并挂好标示牌。

4.2.2 辅助材料:电焊条、型钢要有合格证及材质证明,不得使用不合格的材料,其他材料也要按照厂家的要求使用,若有厂家指定的材料或配件必须经过厂家确认。

4.3 主要机具

扶梯的专用工具要根据进货和现场的具体情况统筹安排，主要机具有：卷扬机、吊链、挂钩千金、滑轮、逮子绳（钢丝绳）"U"形环、卡环、滚杠、撬棍、水准仪、方块水平、线坠、盒尺、样板支架、电锤、电钻、电气焊及常用工具等。

4.4 作业条件

4.4.1 清除现场材料，保证场地清洁。
4.4.2 现场空洞要有护栏，保证施工人员不能掉下。
4.4.3 施工现场要有足够照明。
4.4.4 作为吊装用的锚点应先征得设计、总包单位的同意，并办理签认手续，或在选择图纸上指定的部位。
4.4.5 扶梯安装处的基础应通过了验收。
4.4.6 提供施工用40kW动力电源，并保证作业时连续供电。
4.4.7 现场具备扶梯桁架水平运输的通道。

5 材料和质量要求

5.1 材料的关键要求

5.1.1 主材要求

扶梯安装的材料主要是扶梯产品本身，对主材的控制主要是通过开箱点件这一工序来完成。点件过程中应认真细致，查验配件的包装是否完好，铭牌与电梯型号是否相符；对缺损件认真登记，并及时请业主、厂家签字确认，施工过程中发现的不合格产品，要及时请厂家确认负责补齐，对安装过程中损坏的配件应按厂家要求购买指定的产品。

5.1.2 辅助材料要求

施工过程中用的主要辅助材料为电焊条、型钢，采购电焊条和型钢时应要求供应商提供产品合格证、材质证明，选用信誉好、质量好的厂家的产品。

5.2 技术关键要求

5.2.1 施工方案的选定：根据工程特点、产品特性、业主要求确定施工方案，明确质量、安全、工期、环保等目标。

5.3 质量关键要求

梯级导轨的连接关系到产品最后运行的舒适程度，连接时应严格按照产品的安装图册及安装说明书进行，连接处的连接件不得混用，要根据标示一一对应，确保符合工艺标准及国家标准的要求。

5.4 职业健康安全关键要求

5.4.1 坑口防护：施工时，坑口部位必须有不低于1.2m的防护栏杆。

5.4.2 安全网防护：脚手架上作业时，每档需设一道安全网防护。

5.4.3 专用防护用品：电气焊专用防护面罩及专用手套应配齐，作业人员作业时必须配戴。

5.5 环境关键要求

5.5.1 设备进场：设备进场大部分在夜间，卸车时应遵守当地的夜间噪声管理规定，不扰民。

5.5.2 废渣废料的处理：施工过程产生的废渣废料要按照工地管理规定，存放到指定地点。

6 施工工艺

6.1 施工工艺流程图

准备工作 → 基础放线 → 水平运输 → 桁架吊装 → 安全保护装置安装 → 梯级与梳齿板安装 → 围板安装 → 扶手带安装与调整 → 电气装置安装 → 运行试验 → 标志使用及信号

6.2 准备工作

6.2.1 工艺流程

资料准备 → 现场勘察 → 确定施工方案 → 扶梯开度测量

6.2.2 操作工艺

6.2.2.1 资料准备：安装人员应在开工前熟悉安装技术资料及相关文件（如土建图、安装说明书、安全操作规程等）。

6.2.2.2 现场勘察

（1）土建施工状况：按土建布置图对土建施工进行核查，如果相关的尺寸及施工要求不符合土建布置图的要求，应通知业主责成有关部门及时修正。

（2）现场空洞要有护栏，保证施工人员不能掉下。

（3）施工现场要有足够照明。

（4）吊装用的锚点应先征得设计、总包单位的同意，并办理签认手续，或选择图纸上指定的部位。

（5）扶梯安装处的基础应通过了验收。

（6）供施工用 40kW 动力电源，并保证作业时连续供电。

（7）现场提供材料库房

6.2.2.3 施工方案的确定

施工现场的情况不一，施工前应首先对现场进行勘察，选择合适的吊装方案，确保设备的完好及施工人员的安全。一般施工时采用半机械化的吊装方案，如果全部采用吊车吊装，虽然方便快捷，但投入较大，而且吊车所需的工作场地大，大部分施工现场难以满足。

6.2.2.4 扶梯开度测量

（1）在两楼板之间测量升起高度，在两水平支柱之间测量水泥坑口长度，见图6.2.2.4-1，测量尺寸应填写在表6.2.2.4开度测量记录表中。

开度测量记录表　　　　表6.2.2.4

项目	L1	L2	A	B	C	D	W1	W2	W3	W4	层高
扶梯要求尺寸											
测量尺寸											

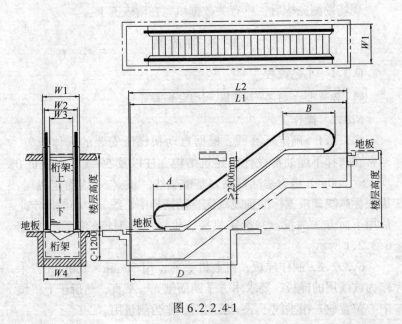

图6.2.2.4-1

(2) 桁架支撑

第一层站的支撑板，至少应在桁架吊装前7天安装好，在浇注水泥之前，一定要将支撑板与地板两层对准并使之水平，见图6.2.2.4-2。

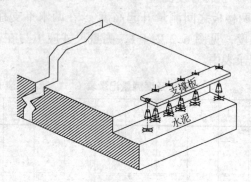

图 6.2.2.4-2

6.2.3 质量记录

现场勘测完毕后，将有关数据填写在附表五上。

6.3 基础放线

6.3.1 工艺流程

确定标高线 → 制作放线样板 → 确定基准线

6.3.2 操作工艺

6.3.2.1 确定标高线：根据自动扶梯所安装的具体位置，通常在扶梯不远处都设计有建筑结构立柱以及50线（由正负0向上返500mm作为基准标高）基准轴线。根据50线确定机尾、机头标高线；根据标准轴线确定自动扶梯中心线，中心线确定之后用下面方法测量，并确定机头、机尾承重钢板的标高，见图6.3.2.1所示。

6.3.2.2 制作样板：在上机头前，用50mm×100mm方木作为放线用的样板，要求木方子四面刨光、平直，然后于上机坑中心位置放一铅垂线于下一层地面，作为测量用。

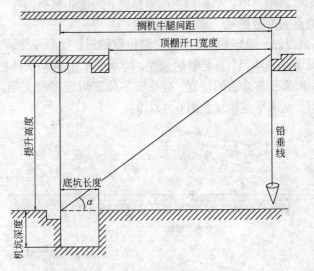

图 6.3.2.1

6.3.2.3 用经纬仪在下机坑的自动扶梯中心线上，找出上机坑的中心线，并墨线画出，把一、二层的50线引至铅垂线处，找出地平线，并测出精确的提升高度（以最终地面为准），支点间的距离为 $a+10mm$，提升高度为 $b±5mm$。

利用上、下机头处50线，找出各层地平线，然后下返250mm于搁机牛腿上画出安装承重钢板的基准线。

6.3.3 质量记录

勘测数据填写在附表五上。

6.4 水平运输

6.4.1 工艺流程

确定运输路线 → 确定锚固点 → 水平运输

6.4.2 操作工艺

6.4.2.1 确定运输路线

扶梯设备一般堆放在施工现场附近的简易库房内，在起吊前应首先运到楼房内。根据现场勘察情况，扶梯在现场的存放地与安装地点的通道畅通，确定运输路线。

6.4.2.2 确定锚固点：在安装位置附近，找到一个固定点，可以固定链条葫芦，有足够的强度，能承受水平移动扶梯桁架的拉力，如果没有合适的位置，应在安装位置附近埋设支架，充当锚固点，见水平运输示意图 6.4.2.2。

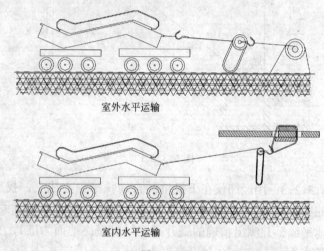

室外水平运输

室内水平运输

图 6.4.2.2

6.4.2.3 水平运输：采用多个手拉葫芦串联，首尾相接，设备底部设置 100mm×100mm×200mm 方木（每头四根，方木下再设直径 80mm 的滚筒，缓慢牵引至楼房入口处。室内的水平运输，方法类似，只是锚点可选择在承重梁（柱）上，水平运输时也可自行制作滚轮滑车，以提高工作效率。水平运输示意图如图 6.4.2.2 所示。

6.4.3 质量记录

质量记录填写在附表六上。

6.5 桁架吊装

6.5.1 工艺流程

桁架组装→桁架吊装→桁架就位

6.5.2 操作工艺

6.5.2.1 桁架组装

(1) 将上、中、下各桁架接合面清扫干净并确认无凹凸现象。

(2) 下桁架与中桁架的接合

1) 确认接合部的符号，在下桁架的吊索支架及折点附近的起吊位置处系好钢丝绳并挂在起吊用卷扬机或塔吊的吊钩上，如图 6.5.2.1-1。

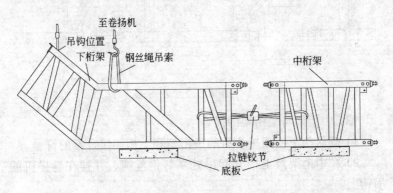

图 6.5.2.1-1

2) 卷扬机或塔吊向上起吊，直至图 6.5.2.1-1 所示与中桁架的接合面能完全笔直接合。

3) 在下、中桁架间安装拉链铰节，并使用此拉链铰节使桁架接合面慢慢靠拢。

4) 使用卷扬机及拉链铰节使桁架接合面的紧固螺栓孔位大致对准。

5) 将螺栓插入桁架 4 处的螺孔，应将孔对准后再插入，如果孔位正确，依次安装螺栓，将桁架接合，此处必须使用厂家随设备来的螺栓，不得换小一号的螺栓。

6) 螺栓接近锁完时，在螺栓头部用榔头敲击后再锁紧。

7) 安装接续板的顺序依次如下，先接续块 A，再接续梁 B，最后在产品出厂时打的销孔处将弹簧销打入，见图 6.5.2.1-2。

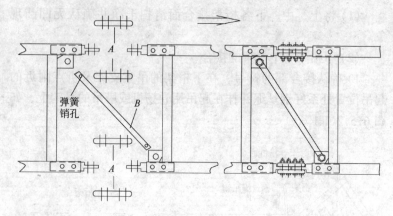

图 6.5.2.1-2

(3) 中桁架与上桁架的接合

1) 确认与下桁架接合后的中桁架和上桁架接合部的符号。

2) 在中桁架及上桁架起吊处系好钢丝绳，并挂在卷扬机的吊钩上。

3) 卷扬机向上起吊直至图 6.5.2.1-3 所示，中桁架与上桁架接合面能完全笔直接合。

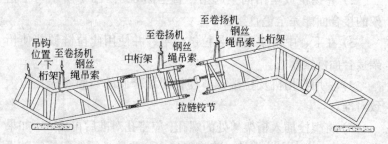

图 6.5.2.1-3

4) 若仅有上、下桁架时则按图 6.5.2.1-4 所示接合。

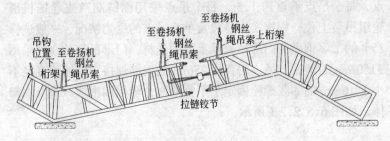

图 6.5.2.1-4

(4) 起吊后接合

由于现场的条件不具备全部组装完毕后起吊,此时可按图6.5.2.1-5所示依次将上下桁架起吊到预定位置,在此状态下将上下桁架接合并在一体接合完成后将桁架放置在建筑物的支撑部。

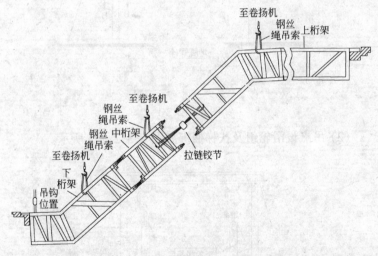

图 6.5.2.1-5

6.5.2.2 桁架吊装

(1) 自制门形吊架吊装:有的施工现场结构复杂,现场规定不许在楼板或墙体上、立柱上打洞安装吊钩,因此只能采用门形吊架。

制作门形吊架:一般单部扶梯自重约6t,每部设置四个吊

175

点，每个吊点承重约 1.5t，每个吊点采用倒链葫芦或卷扬机滑轮组吊装上位，根据实际经验及单个吊点的受力情况，一般选择 25♯ 的工字钢做为门形吊架承重梁的选材，门形吊架的立柱采用 $\phi 150mm$ 的钢管，吊钩用直径 25mm 的钢筋焊接，架体用直径不小于 16mm 的膨胀螺栓固定于平整地面，辅以四根缆风绳稳固架体，如图 6.5.2.2-1 所示。

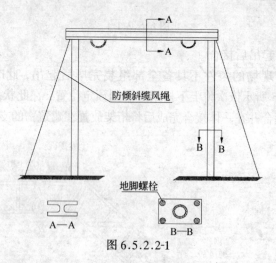

图 6.5.2.2-1

（2）吊点设滑轮组及扶梯捆绑如图 6.5.2.2-2 所示。

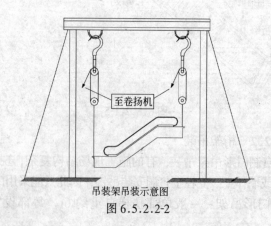

吊装架吊装示意图
图 6.5.2.2-2

(3) 若设计上提供了锚点位置,或有承重梁且预留了设置吊钩的孔洞,可直接采用倒链葫芦或卷扬机滑轮组吊装。

在顶层承重梁两侧预留的两个骑马空洞内,用直径22mm的吊索栓在空洞内,为了防止起吊时磨损吊索,在楼板上面的吊索套内穿入两根100mm×100mm×500mm的木方,每部扶梯不少于四个吊点,每个吊点选用一台HS型5t手拉葫芦。如图6.5.2.2-3所示。

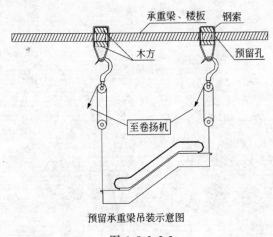

预留承重梁吊装示意图

图6.5.2.2-3

(4) 汽车吊或塔吊吊装

如果施工现场条件具备可采用汽车吊或塔吊吊装,可提高施工速度,吊车的起吊重量不小于6t,起吊前应对最大负荷及施加于水泥结构上的作用力进行校核,起吊顺序应按照先下后上的原则进行,起吊时要两台吊车同步进行,见图6.5.2.2-4所示。

6.5.2.3 桁架就位

(1) 桁架上下机头对准,如图6.5.2.3-1所示。

1) 水泥墙搁机梁牛腿与桁架之间的距离最大为50mm。

2) 将扶梯桁架上下机头放在水泥墙的支撑板上(底板)。

3) 在调整桁架之前在支撑板上放置垫片。

4) 用两只调整螺栓将桁架支撑角钢抬到地板水平,使桁架

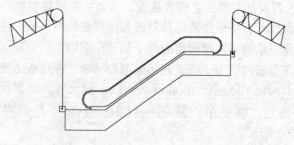

图 6.5.2.2-4

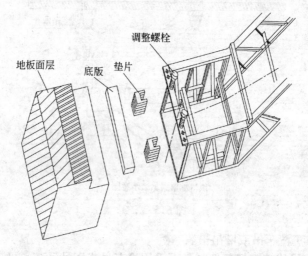

图 6.5.2.3-1

上下机头的上部与地板面层水平。

5) 将水平仪放在桁架支撑角钢上，用调整螺栓进行调节，视情况增减垫片，但垫片数量不得超过 5 片，若多于 5 片时可用钢板代替适量的垫片。

6) 上下机头水平调整好后，移去调整螺栓。

7) 扶梯桁架的校正，先将楼面上扶梯的中心线，如二台扶梯并列，其中心线之间的距离允许偏差 +1mm。

8) 两台扶梯并列，边缘保护凸板要求在一条直线上（用直靠尺测量），不齐度小于2mm，而且两头均匀分开。

9）撤出承重板的圆钢，用机头上的螺栓调节，使扶梯机头框架与地面平，并保证两机头的箱体与承重梁之间的距离一致。

10）用砂布将上、下机头末端齿轮轴中间段磨光（油漆部分），调整机头螺栓，使其水平度为0.5/1000。

11）将机头螺栓与承重板顶死，并锁紧螺母。

12）当扶梯的中心和水平找准后，用60mm×50mm的角钢做挡板与承重板焊接。

13）上机头，用角钢贴紧框架的侧面，上口留有20mm的间隙，作为扶梯的伸缩量。角钢与承重板焊接。

14）下机头，挡板的固定方法同上，其下口用厚15mm以上的胶块填上，作为缓冲用。

15）在扶梯中间连接出油盘，按要求插入上油盘的下口，插入距离上、下一致，并用电焊在第200mm处焊接一次（断续焊）。

（2）安置工作线

工作线的布置如图6.5.2.3-2所示，主要用于安装导轨及玻璃板，水平尺寸均以桁架中心线为基准；中心线用两根由螺栓固定并焊接在两桁架角钢上的工作线杆设置的。

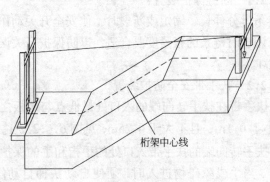

图6.5.2.3-2

（3）桁架对准

1）将两绳支持杆（如 6.5.2.3-1 所示）放于两机头支持架上，将支持杆焊接在上下桁架支撑板上。

2）将准绳放到两支撑架上，放上重物使多接触点的相关钢丝（直径 0.5mm）有足够的张力。

3）用水平仪检查主驱动轴的对准，在对准轴时可使用调整螺栓。

4）根据图纸提供尺寸，梯级滚子导轨及梯级滚子安装尺寸应从准绳向两侧测量，如需要可松开导轨支架螺栓，可用垫片调整导轨，调好导轨后将固定螺栓拧紧。

6.5.3 质量记录

吊装质量记录见附表六。

6.6 安全保护装置的安装

6.6.1 工艺流程

断链保护装置安装 → 扶手带安全防护装置 → 停止开关 → 速度监控装置 → 梳齿异物保护装置 → 梯级下沉保护装置 → 断带保护装置 → 裙板保护装置 → 附加制动器

6.6.2 操作工艺

6.6.2.1 断链保护装置：

当链条过分伸长、缩短或断裂时，使安全开关动作，从而断电停梯，调整时链条的张紧度要合适，以防保护开关误动作。见图 6.6.2.1。

6.6.2.2 扶手带安全防护装置

（1）扶手带在扶手转向端的入口处最低点与地板之间的距离 h_3 不应小于 0.1m，且不大于 0.25m，见图 6.6.2.2-1。

（2）扶手转向端的扶手带入口处的手指和手的保护开关应能可靠工作，当手或障碍物进入时，须使自动扶梯自动停止运转，见图 6.6.2.2-2。

（3）调节定位螺栓使致动杆的位置及操作压力合适，开关能

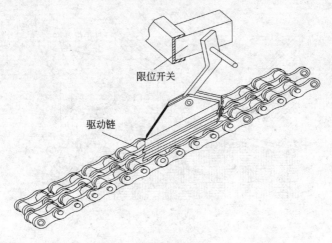

图 6.6.2.1

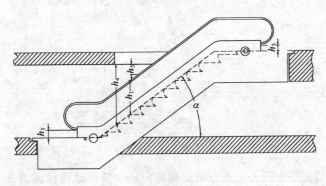

图 6.6.2.2-1

可靠工作，致动杆与开关之间的距离约为1mm。

6.6.2.3 停止开关

(1) 能切断驱动主机电源，使工作制动器制动，有效地使自动扶梯或自动人行道停止运行。

(2) 停止开关应是受动式的，具有清晰的、永久性的转换位置标记，开关被按下后，扶梯或自动人行道将维持停止状态，除非将钥匙开关转到行驶的方向，见图 6.6.2.3。

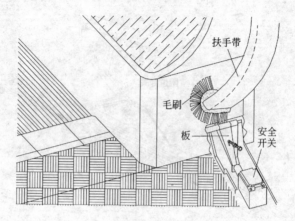

图 6.6.2.2-2

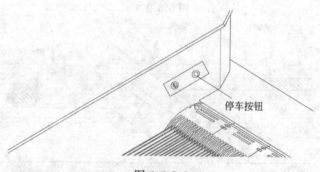

图 6.6.2.3

(3)停止开关应能在驱动和转向站中使自动扶梯或自动人行道停止运行。

6.6.2.4 速度监控装置

在自动扶梯或自动人行道运行速度超过额定速度 1.2 倍时动作,使自动扶梯或自动人行道停止运行。

图 6.6.2.4 为离心式超速控制器,控制器组件上的弹簧加载柱塞因离心力而向外移动,当速度超过整定值时,弹簧加载的柱塞将使装在控制器附近的开关跳闸,在出厂前已经调好开关,安装过程中不得随意调节。

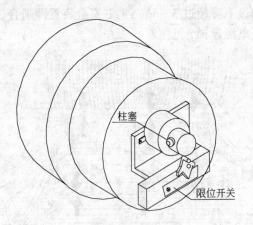

图 6.6.2.4

6.6.2.5 梳齿异物保护装置

该装置安装在扶梯或自动人行道的两头,扶梯或自动人行道在运行中一旦有异物卡阻梳齿时,梳齿板向上或向下移动,使拉杆向后移动,从而使安全开关动作,达到断电停机的目的,梳齿板保护开关的闭合距离为 2~3.5mm,见图 6.6.2.5。

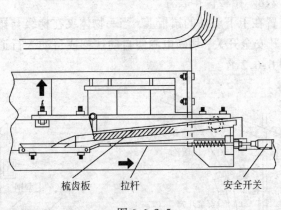

图 6.6.2.5

6.6.2.6 梯级下沉保护装置

该装置在梯级断开或梯级滚轮有缺陷时起作用,开关动作点应整定在梯级下降超过 3~5mm 时,安全装置即啮合,打开保护开关,切断电源停梯,见图 6.6.2.6。

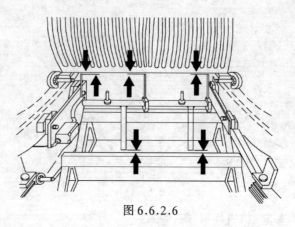

图 6.6.2.6

6.6.2.7 扶手带断带保护装置

当扶手带破断截面载荷小于 25kN 时,扶梯或自动人行道的扶手带应装有此装置,以防扶手带断裂时,使自动扶梯或自动人行道停止运行,见图 6.6.2.7。

6.6.2.8 裙板保护装置

该装置在上下层站的裙板上,当一物体夹在梯级与裙板之间时,即断开安全开关,切断电源使自动扶梯或自动人行道停止运行,见图 6.6.2.8。

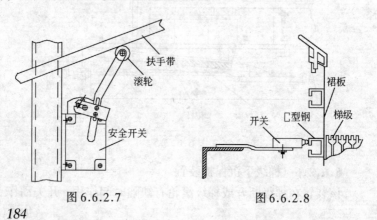

图 6.6.2.7   图 6.6.2.8

6.6.2.9 紧急制动的附加制动器

附加制动器安装在驱动主轴上，在传动链断裂和超速及非操纵改变规定运行方向时动作，使自动扶梯或人行道停止运行。

6.6.3 质量记录

安装保护装置安装质量记录见附表八电气安全保护装置安装质量记录表。

6.7 梯级与梳齿板安装

6.7.1 工艺流程

安装梯级链 → 安装梯级 → 安装梳齿板

6.7.2 操作工艺

6.7.2.1 安装梯级链及梯级导轨

（1）扶梯轨道安装是整机系统的关键项目，决定了扶梯运行的舒适感，必须对轨道的中心距离，道节的处理要特别仔细认真，一定要达到规范要求范围之内。轨道的连接应注意：

1）分装扶梯框架对接之后，还要进行轨道和链条连接，这部分工作可在吊装就位之后进行。

2）轨道和链条厂家在厂区已经安装完毕，只有分节处需要进行拼接，所以安装好的部位不得乱动，需要现场拼接的部位，应使用该部位的连接件，不得换用他处的连接件，以保证达到出厂前厂家调准的状态。

3）现场需要连接的轨道有专用件和垫片，把专用件螺栓穿入相应空洞（长眼），轻轻敲动专用件使其与两节轨道贴严，如不平可用垫片进行调整直至缝隙严密无台阶，将螺栓拧紧。

4）油石把接头处进一步处理，完整合一为止。

5）板尺进行复查其平整度，不合格应反复调整垫片或打平。

（2）将梯级链在下层站组装在一起，移去桁架上的基准线，连接两相邻链节时应在外侧链节上进行。应注意：

1）梯级链分段运到现场，应在现场连在一起；

2）连接时在下层站进行，装配方法见图6.7.2.1。

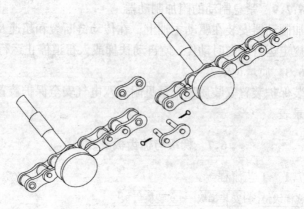

图 6.7.2.1

6.7.2.2 安装梯级

(1) 应先预装每台扶梯的主梯级,以便使梳齿片与梯级之间的间隙正确。

(2) 从下层站开始,安装梯级总数的45%,在下层站根据现时的梳齿片对梯级进行调节。将梯级放到梯级链的轴上,将弹簧压销与轴颈上的孔对中,一直到听到咔嗒一声,见图6.7.2.2。

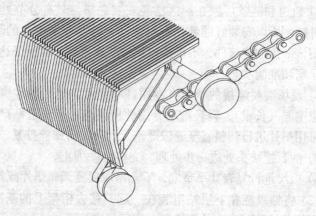

图 6.7.2.2

(3) 梯级通过梳齿片时应居中,且二着间隙符合要求,使梯级通过使无卡阻现象。

(4) 梯级踏面：踏板表面应具有槽深≥10mm，槽宽为5～7mm，齿顶宽为2.5～5mm的等节距的齿形，且齿条方向与运行方向一致。

6.7.2.3　安装梳齿板

为确保乘客上下扶梯的安全，必须在自动扶梯的进出口处设置梳齿板，见图6.7.2.3。

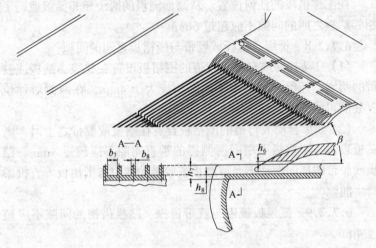

图6.7.2.3

(1) 前沿板：前沿板是地平面的延伸，高低不能发生差异，它与梯级踏板上表面的高度差应≤80mm。

(2) 梳齿板：一边支撑前沿板上，另一边作为梳齿的固定面，其水平角≥40°，梳齿板的结构为可调式，以保证梳齿与踏板齿槽的啮合深度≥6；与胶带齿槽的捏合深度≥4mm。

(3) 梳齿：齿的宽度≤2.5mm，端部为圆角，水平倾角≥40°。

(4) 自动人行道的胶带应具有沿运行方向、且与梳齿板的梳齿相啮合的齿槽。

(5) 胶带齿槽的高度不应小于1.5mm，齿槽深度不应小于5mm，齿的宽度不应小于4.5mm，且不大于8mm。

6.7.2.4 胶带应能连续地自动张紧，不允许用拉伸弹簧作张紧装置。

6.7.2.5 自动扶梯、自动人行道的踏板或自动人行道的胶带上空，垂直净高度不小于2.3m。

6.7.2.6 梯级或踏板之间的间隙，梯级、踏板或胶带与围裙板之间的间隙

6.7.2.7 梯级间或踏板间的间隙

在工作区段的任何位置。从踏面测得的两个相邻梯级或两个相邻踏板之间的间隙不应超过6mm。

6.7.2.8 梯级、踏板或胶带与围裙板之间的间隙

（1）自动扶梯或自动人行道的围裙板设置在梯级、踏板或胶带的两侧，任何一侧的水平间隙不应大于4mm，在两侧对称位置处测得的间隙总和不应大于7mm。

（2）如果自动人行道的围裙板设置在踏板或胶带之上时，则踏板表面与围裙板下端间所测得的垂直间隙不应超过4mm。踏板或胶带的横向摆动不允许踏板或胶带的侧边与围裙板垂直投影产生间隙。

6.7.2.9 梳齿板梳齿与胶带齿槽、踏板齿槽的间隙不应超过4mm。

6.7.3 质量记录

本工序完毕后，应有班组进行自检、互检工作，并填写在附表七梯级与梳齿板安装质量记录表上。

6.8 围板安装

自动扶梯或自动人行道除乘客可踏上的梯级、踏板或胶带以及可接触的扶手带部分外，所有机械运动部分均应完全封闭在围板或墙内。

6.8.1 工艺流程

围裙板的安装 → 内外盖板的安装 → 玻璃护壁板的安装 →
金属护壁板的安装 → 扶手护壁型材的安装

6.8.2 操作工艺

6.8.2.1 围裙板的安装

与梯级、踏板或胶带两侧相邻的围板部分。

(1) 围裙板应垂直,围裙板上缘与梯级、踏板或胶带踏面之间的垂直距离不应小于25mm。

(2) 围裙板应坚固、平滑,且是对接缝的。长距离的自动人行道跨越建筑伸缩缝部位的围裙板的接缝可采用特殊方法替代对接缝。

(3) 安装底部护板应按照先上后下的搭接顺序

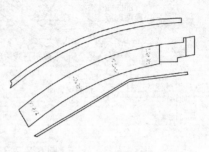

图 6.8.2.1

进行,以免机内油污渗漏到底部护板下面,污染室内物件,见图6.8.2.1。

6.8.2.2 内外盖板的安装

(1) 内盖板:连接围裙板和护壁的盖板,它和护壁板与水平面的倾斜角不应小于25°。

(2) 外盖板:位于扶手带下方的外装饰板的盖板。

6.8.2.3 安装护壁玻璃板,见图6.8.2.3-1。

由下而上的顺序安装:

(1) 下部曲线段玻璃板安装:将玻璃夹衬放入玻璃夹紧型材靠近夹紧座的地方,用玻璃吸盘将玻璃板慢慢插入预先放好的夹衬中,调整玻璃板的位置,调好后紧固夹紧座。

(2) 下部端头玻璃板的安装:在玻璃夹紧型材中放入夹衬,在与上一块玻璃板接合处放置2个U形橡胶衬垫,将玻璃板放入夹衬中,正确调整玻璃板接缝间隙,使间隙上下一致,且间隙一般调整为2mm,调好后紧固夹紧座。

(3) 其他玻璃板的安装:安装方法与上面相同,安装时,在玻璃夹紧型材中均匀地放置玻璃夹衬,见图6.8.2.3-2,然后将

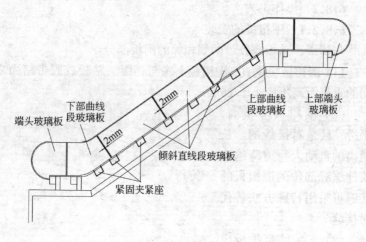

图 6.8.2.3-1

玻璃板放置其中,注意保持两相邻玻璃板的间隙一致,玻璃板应竖直,并与夹紧型材垂直。确认位置正确后,用力矩扳手拧紧夹紧座上的螺栓,注意用力不能过猛以免损坏玻璃(夹紧力矩一般为35Nm)。

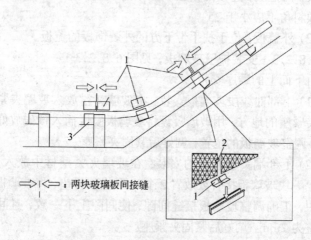

图 6.8.2.3-2
1—玻璃夹衬;2—U形橡胶衬垫;3—夹紧座

(4) 玻璃的厚度不应小于 6mm，该玻璃应当是足够强度和刚度的钢化玻璃。

6.8.2.4 金属护壁板的安装

(1) 朝向梯级踏板和胶带一侧的扶手装置部分应是光滑的。压条或镶条的装设方向与运行方向不一致时，其凹凸高度不应超过 3mm，且应坚固和具有圆角或倒角的边缘。此类压条或镶条不允许装设在围裙板上。

(2) 沿运行方向的盖板连接处（特别是围裙板与护壁板之间的连接处）的结构应使勾绊的危险降至极小。

(3) 护壁板之间的空隙不应大于 4mm，其边缘应呈圆角和倒角状。

6.8.2.5 扶手护壁型材的安装

(1) 预先在护壁玻璃板的端面粘贴衬垫护壁型材的 U 形橡胶带，见图 6.8.2.5-1。

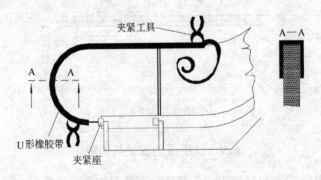

图 6.8.2.5-1

(2) 将各段型材按图 6.8.2.5-2 所示安装在护壁玻璃板上，安装顺序为：下部端头型材、下部型材、下部曲线段型材、中间段型材、上部端头型材、上部型材、上部曲线段型材、补偿段型材。

(3) 用型材连接件平整地对接相邻的型材，见图 6.8.2.5-3。

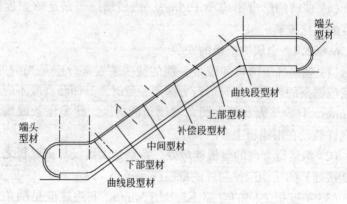

图6.8.2.5-2

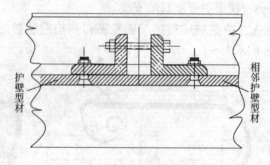

图6.8.2.5-3

6.9 扶手带的安装与调整

扶手带行程区域内的各部件分布情况如图6.9所示。

6.9.1 工艺流程

导轨型材的安装 → 导滚安装 → 扶手带安装 → 扶手带调整

6.9.2 操作工艺

6.9.2.1 扶手带导轨型材的安装

(1) 安装上部和下部回转链，保证回转链不扭曲，滚轮应能灵活转动，见图6.9.2.1。

(2) 将下列各段导轨型材依次安装在护壁型材上：

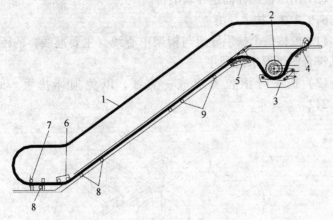

图 6.9
1—扶手带；2—摩擦轮；3—压带；4—换向轮组件；5—张紧轮组件；
6—导向轮组件；7—导向轮；8—支撑轮；9—侧向导轮

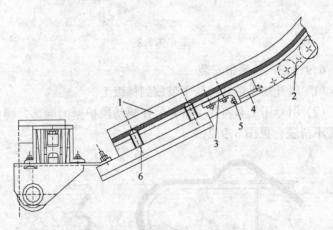

图 6.9.2.1
1—端部护壁型材；2—回转链；3—支架；4—钩头螺栓；
5—螺母；6—紧固螺栓

下部曲线段型材、下部扶手带导轨型材、中间段导轨型材、上部导轨型材、上部曲线段型材、上部扶手带水平段导轨型材、补偿段型材。

(3) 用压板螺栓固定导轨型材。

6.9.2.2 扶手导滚

(1) 校核每个扶手导滚与桁架中心线（主要准线）的距离，使其符合图纸要求的尺寸。

(2) 扶手导滚位置应成一直线，以免损坏扶手，见图6.9.2.2。

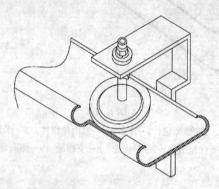

图 6.9.2.2

6.9.2.3 扶手带安装

(1) 展开扶手带并将扶手带放到梯级上。

(2) 用专用工具将扶手带安装在驱动段护壁的端部，确保扶手带不滑脱，见图6.9.2.3。

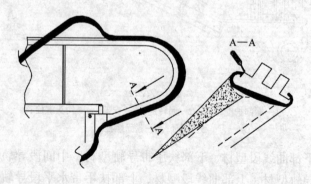

图 6.9.2.3

(3) 将返程区域内的扶手带放置到位,防止扶手带从支撑轮、导向轮等部件上滑脱。
(4) 将扶手带安装在张紧段护壁的端部。
(5) 自上而下地将扶手带安装在扶手带导轨型材上。
(6) 通过压带弹簧上的螺栓调整弹簧张紧度,调整并张紧压带。
(7) 通过张紧轮组件上的调节弹簧对扶手带进行初步张紧。
(8) 测试运行扶手带:沿上行和下行方向多次运行扶手带,注意观察其运行轨迹和松紧度,并通过相应的部件进行调整,使其经过摩擦轮时应尽可能地对中;扶手带的运行中心与扶手带导轨型材的中心应对齐;用小于 70kg 的力人为地拉住下行中的扶手带时,扶手带应照常运行;当改变运行方向后,扶手带几乎不跑偏。
(9) 扶手带与护壁边缘之间的距离不应超过 50mm。
(10) 扶手带距梯级前缘或踏板面或胶带面之间的垂直距离不应小于 0.9m,且不大于 1.1m。

6.9.2.4 扶手带调整

(1) 扶手所需的曳引力是通过张紧轮取得的,调节下弯曲处扶手张力支架以使扶手张力正确,见图 6.9.2.4。

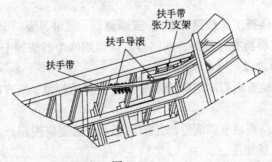

图 6.9.2.4

(2) 调整支架的高度即可放松张力,张力装置的调节用定位螺钉来回调节,张力装置与主驱动链轮及惰滚应在一直线上。

(3) 调节扶手驱动力：在上层站用15～20kg的力拉住扶手，如扶手不停住，用25～30kg的力重复试验，最终扶手对扶手驱动力产生摩擦，扶手不在转动；如用力25～30kg使扶手仍不停住，则调节扶手驱动系统使张力正确。

6.9.3　质量记录

本工序安装质量记录见附表九。

6.10　电气装置安装与调整

6.10.1　工艺流程

控制器安装 → 检查驱动机 → 控制线路连接 → 操作盘安装

6.10.2　操作工艺

6.10.2.1　控制器

（1）控制器安装在上层站的上端。

（2）观察每一组继电器及接触器的接线头，有松动的端子应拧紧接线端子的螺丝，确保接线牢固。

（3）从控制箱到驱动机的动力连线，要通过线管或蛇皮管加以保护。

（4）在靠近控箱的地方安装断路器开关。

（5）机械零件未完全安装完毕前，控制箱不得与主动力电源线相连。

（6）检查工作线路保险丝/或断路器，额定等级一定要正确。

（7）将所有接触器、断路器的灰尘用吹尘器清理干净。

6.10.2.2　检查驱动机

（1）检查所有固定螺栓及螺母是否都已拧紧，没有破损或丢失垫圈。

（2）检查轴承需润滑部位的油脂，若需要应按照产品说明书的要求重新加注。

（3）清理驱动机，使之干净。

6.10.2.3　控制线路连接

（1）按照电气接线图的标号认真连接，线号与图纸要一致，不得随意变更。

(2) 电气设备的外壳均需接地。

(3) 电气连接有特殊要求的,应按照厂家的要求正确连接。

(4) 动力和电气安全装置电路的绝缘电阻值不小于 500kΩ;其他电路(控制、照明、信号)的绝缘电阻值≮250kΩ。

(5) 扶梯或人行道电源应为专用电源,由建筑物配电室送到扶梯总开关。

(6) 电气照明、插座应与扶梯或人行道的主电路包括控制电路的电源分开。

(7) 安装灯管接线时,必须牢固、可靠、安全。

(8) 安装内盖板时,应将扶梯上下两个操作控制盘安装在端部的内盖板上。

(9) 将各安全触点开关和监控装置的位置调整到位,并检查其是否正常工作。

(10) 校核电气线路的接线,确保正确无误。

6.10.2.4 操作盘

(1) 钥匙操作的控制开关安装在扶梯的出入口附近。

(2) 该开关启动自动扶梯或人行道使其上形或下行。

(3) 启动钥匙开关移去后,方向继电器接点能保持其运行方向。

6.10.3 质量记录

本工序安装检测记录见附表十。

6.11 运 行 试 验

6.11.1 工艺流程

总则→准备工作→电气预检→正常运行测试→机械部件润滑

6.11.2 操作工艺

6.11.2.1 总则

(1) 若扶梯上有人,不得开通扶梯或人行道。

(2) 试车前，拆除3级连续的梯级。

(3) 在拆除地面盖板或梯级前，要作好现场的保护工作。

(4) 在部分梯级拆去后，只能用检修控制系统进行检修工作。

(5) 梯级完全停止后，才能用钥匙开关和检修按钮改变运行方向。

6.11.2.2 准备工作

(1) 用专用钩插入孔内并提起地面盖板。

(2) 清除落在梯级或卡在凹槽里的杂物。

(3) 擦净扶手以防其污染机械传动部件。

6.11.2.3 电气预检

(1) 检查由动力部门提供的电力供应（相位、零线、接地线）。

(2) 检查电源的连接是否按接线图连接。

(3) 接通熔断器。

(4) 接通电动机及控制电源的主开关。

(5) 将两个检修开关盒之一与控制屏连接，用检修上行或下行按钮点动，检查扶梯或人行道运行的方向是否正确，必要时可改变电动机的两相接头进行修正。

6.11.2.4 正常运行测试

(1) 断开检修开关盒与控制屏的连接。

(2) 用操作控制盒上的钥匙开关启动扶梯或人行道。

(3) 按所需运行的方向旋转钥匙。

(4) 启动后，旋转钥匙至零位，拔出。

(5) 启动自动运行选项时，必须在2s内按所需运行的方向旋转两次钥匙。

6.11.2.5 关闭扶梯或人行道测试

(1) 正常停车（软停车）：按与运行方向相反的方向旋转钥匙开关中的钥匙可实现停车。

(2) 紧急停车：按操作控制盘上的急停开关会导致急停车；当安全触点被激活时也会导致紧急停车。

6.11.2.6 机械部件的检查和润滑

(1) 在扶梯或人行道下底坑处检查梯级轮，必要时给予润滑。

(2) 梳齿板受到100kg的水平力或60kg的垂直力时，梳齿板安全开关应能动作。

(3) 检查梯级和梳齿的啮合中心是否吻合，梯级通过防偏导向块时不能有明显的冲撞。

(4) 围裙板与梯级的单侧水平间隙为2～4mm，两侧间隙之和为7mm。

(5) 检查扶手入口橡胶套的两边应大致相等，扶手带不应擦着橡胶套。

(6) 清理掉扶手带表面的灰尘，先用抹布沾一些清洁剂（禁止使用汽油、柴油及有机溶剂）用力擦扶手带表面，再用干布擦一遍，然后至少干燥10分钟。禁止用滑石粉处理扶手内侧。

(7) 润滑梯级链时，应把润滑油注入链节之间。

(8) 检查梯级链的张紧，两根梯级链条的张紧必须均匀。

(9) 梯级滑动导靴不应摩擦围裙板。

(10) 梯级导轨必须给予彻底清洁，清洁工作是在梯级的开口处完成的。

6.11.3 质量记录

试运行质量记录见附表十。

6.12 标志、使用须知及信号

6.12.1 标牌、标志及使用须知

所有标志、说明和使用须知的牌子应由耐用的材料制成，放在醒目的位置，并且书写文字，字体应清晰工整，也可使用象形图，见图6.12.1-1、图6.12.1-2、图6.12.1-3。

注：图的颜色为白底蓝色

图6.12.1-1

注：图的颜色为白底上蓝色
指示符号"X"号为红色

图6.12.1-2

注：图的颜色为白底上蓝色

图6.12.1-3

6.12.2 在自动扶梯或自动人行道入口处的使用须知
下列书写使用须知的标牌应设置在入口处的附近：
(1)"必须紧住小孩"；
(2)"狗必须被抱着"；
(3)"站立时面朝运行方向"；
(4)"握住扶手带"。
使用须知的标牌的最小尺寸为80mm×80mm。

6.12.3 紧急停止装置应涂成红色，并在此装置上或紧靠着它的地方标上"停止"字样。

6.12.4 在维护、修理、检查或类似的工作期间，自动扶梯或自动人行道的出入口处应用适当的装置拦住乘客登梯，其上应写明：

"不准靠近"

或用道路交通标志：

"禁止通行"

而且应放在附近。

6.12.5 手动盘车装置的使用须知

如果有手动盘车装置，那么在其附近应备有使用说明，并且应明确自动扶梯或自动人行道的运行方向。

6.12.6 自动扶梯或自动人行道自动启动的特殊使用须知

若为自动启动式自动扶梯或自动人行道，则应配备一个清晰可见的信号系统，例如道路交通信号，以便向乘客指明自动扶梯或自动人行道是否可供使用及其运行方向。

7 质量标准

7.1 设备进场验收

7.1.1 主控项目

7.1.1.1 必须提供以下资料：

（1）技术资料

1）梯级或踏板的型式试验报告复印件，或扶手带的断裂强度证明文件复印件。

2）对公共交通型扶梯、人行道应有扶手带的断裂强度证书复印件。

（2）随机文件

1）土建布置图。

2）产品出厂合格证。

7.1.2 一般项目

7.1.2.1 随机文件还应具备以下资料：
(1) 装箱单。
(2) 安装、使用维护说明书。
(3) 动力电路和安全电路的电气原理图。
7.1.2.2 设备零部件应与装箱单内容相符。
7.1.2.3 设备外观不应存在明显的损坏。

7.2 土建交接检验

7.2.1 主控项目

7.2.1.1 自动扶梯或自动人行道的踏板或扶手带上空，垂直净高严禁小于2.3m。

7.2.1.2 在安装之前，井道周围必须设有保证安全的栏杆或屏障，其高度不得小于1.2m。

7.2.2 一般项目

7.2.2.1 土建工程应按照土建布置图进行施工，且其主要尺寸允许误差为：提升高度-15～+15mm；跨度0～+15mm。

7.2.2.2 根据产品供应商的要求应提供设备进场所需的通道和搬运空间。

7.2.2.3 在安装前，土建施工单位应提供明显的水平基准线标识。

7.2.2.4 电源零线和地线应始终分开。接地装置的接地电阻值不应大于4Ω。

7.3 整机安装验收

7.3.1 主控项目

7.3.1.1 在下列情况下，自动扶梯、自动人行道必须自动停止运行，且下列第4)款至第11)款情况下的开关断开的动作必须通过安全触点或安全电路来完成。
(1) 无控制电压；
(2) 电路接地的故障；

(3)过载；

(4)控制装置在超速和运行方向非操纵逆转下动作；

(5)附加制动器（如果有）动作；

(6)直接驱动梯级、踏板或扶手带的部件（如链条或齿条）断裂或过分伸长；

(7)驱动装置与转向装置之间的距离（无意性）缩短；

(8)梯级、踏板或扶手带进入梳齿板处有异物夹住，且产生损坏梯级、踏板或扶手带支撑结构；

(9)无中间出口的连续安装的多台自动扶梯、自动人行道中的一台停止运行；

(10)扶手带入口保护装置；

(11)梯级或踏板下陷。

7.3.1.2 应测量不同回路导线对地的绝缘电阻。测量时，电子元件应断开。导体之间和导体对地之间的绝缘电阻应大于 $1000\Omega/V$，且其值必须大于：

(1)动力电路和电气安全装置电路 $500k\Omega$；

(2)其他电路（控制、照明、信号等）$250k\Omega$。

7.3.1.3 电气设备接地必须符合下列规定：

(1)所有电气设备及导管、线槽的外露可导电部分均必须可靠接地（PE）；

(2)接地支线应分别直接接至接地干线接线柱上，不得互相连接后再接地。

7.3.2 一般项目

7.3.2.1 整机安装检查应符合下列规定：

(1)梯级、踏板、扶手带的楞齿及梳齿板应完整、光滑；

(2)在自动扶梯、自动人行道入口处应设置使用须知的标牌；

(3)内盖板、外盖板、围裙板、扶手支架、扶手导轨、护壁板接缝应平整。接缝处的凸台不应大于 0.5mm；

(4)梳齿板梳齿与踏板面齿槽的间隙不应小于 4mm；

(5)梳齿板梳齿与踏板面齿槽的啮合深度不应小于 6mm；

(6) 围裙板与梯级、踏板或扶手带任何一侧的水平间隙不应大于 4mm，两边的间隙之和不应大于 7mm。当自动人行道的围裙板设置在踏板或胶带之上时，踏板表面与围裙板下端之间的垂直间隙不应大于 4mm。当踏板或胶带有横向摆动时，踏板或胶带的侧边与围裙板垂直投影之间不得产生间隙；

(7) 梯级间或踏板间的间隙在工作区段内的任何位置，从踏面测得的两个相邻梯级或两个相邻踏板之间的间隙不应大于 6mm。自动人行道过渡曲线区段，踏板的前缘和相邻踏板的后缘啮合，其间隙不应大于 8mm；

(8) 护壁板之间的空隙不应大于 4mm。

7.3.2.2 性能试验应符合下列规定：

(1) 在额定频率和额定电压下，梯级、踏板或胶带沿运行方向空载时的速度与额定速度之间的允许偏差为 ±5%；

(2) 扶手带的运行速度相对梯级、踏板或胶带的速度允许偏差为 0～+2%。

7.3.2.3 自动扶梯、自动人行道制动试验应符合下列规定：

(1) 自动扶梯、自动人行道应进行空载制动试验，制停距离符合表 7.3.2.3-1 的规定。

制 停 距 离 表 7.3.2.3-1

额定速度	制停距离范围 (m)	
(m/s)	自动扶梯	自动人行道
0.5	0.20～1.00	0.20～1.00
0.65	0.30～1.30	0.30～1.30
0.75	0.35～1.50	0.35～1.50
0.90	—	0.40～1.70

注：若速度在上述数值之间，制停距离用插入法计算。制停距离应从电气制动装置动作开始测量

(2) 自动扶梯应进行载有制动载荷的制停距离试验（除非制停距离可以通过其他方法检验），制动载荷应符合表 7.3.2.3-2

规定，制停距离应符合表7.3.2.3-1的规定；对自动人行道，制造商应提供按载有表7.3.2.3-2规定的制动载荷计算的制停距离，且制停距离应符合表7.3.2.3-1的规定。

制 动 距 离　　　　　表7.3.2.3-2

梯级、踏板或胶带的名义宽度（m）	自动扶梯每个梯级上的载荷（kg）	自动人行道每0.4m长度上的载荷（kg）
$z \leqslant 0.6$	60	50
$0.6 < z \leqslant 0.8$	90	75
$0.8 < z \leqslant 1.1$	120	100

注：1. 自动扶梯受载的提交数量由提升高度除以最大可见梯级踏板高度求得，在试验时允许将总制动载荷分布在所求得的2/3的梯级上；
　　2. 当自动人行道倾斜角不大于6°，踏板或扶手带的名义宽度大于1.1m时，宽度每增加0.3m，制动载荷应在每0.4m长度上增加25kg；
　　3. 当自动人行道在长度范围内有多个不同倾斜角度（高度不同）时，制动载荷应仅考虑到那些能组合成最不利载荷的水平区段和倾斜区段

7.3.2.4 电气装置还应符合下列规定：

（1）主电源开关不应切断电源插座、检修和维护所必需的照明电源。

（2）软线和无护套电缆应在导管、线槽或能确保起到等效防护作用的装置中使用。护套电缆和橡套软电缆可明敷于桁架厢体内，但不得明敷于护壁板外。

（3）导管、线槽的敷设应整齐牢固。线槽内导线总面积不应大于线槽净面积60%；导管内导线总面积不应大于导管内净面积的40%；软管固定间距不应大于1m，端头固定间距不应大于0.1m。

（4）接地支线应采用黄绿相间的绝缘导线。

7.3.2.5 观感检查应符合下列规定：

（1）上行和下行自动扶梯、自动人行道，梯级、踏板或胶带与围裙板之间应无刮碰现象（梯级、踏板或胶带上的导向部分与

围裙板接触除外），扶手带外表面应无刮痕。

（2）对梯级（踏板或胶带）、梳齿板、扶手带、护壁板、围裙板、内外盖板、前沿板及活动盖板等部位的外表面应进行清理。

8 成品保护

8.1 开箱点件与储存

8.1.1 开箱过程中，应注意稳拿稳放，以免损坏配件。

8.1.2 设备装卸时应进行试吊，确保吊装设备能正常工作，且吊装时口令清晰、步调一致，避免误操作损坏设备。

8.1.3 电气设备应存放在干燥、防水的库房内，不得存放在潮湿的环境里。

8.1.4 设备存放应按类别分别放置。

8.2 现场运输及设备吊装

8.2.1 水平运输及吊装时，应选择可靠的锚固点，以免损坏设备。

8.2.2 吊装用的设备应事先检查其性能，确保能正常工作，以防制动失灵损坏设备。

8.2.3 吊装用钢丝绳及吊索应符合要求，避免因其断裂发生事故，损坏设备。

8.2.4 桁架就位时应确认已放稳后，再松开吊索及吊装设备。

8.3 部件组装

8.3.1 安装过程中所用小型工具应随身携带或用完后及时放到安全区域，以免滑落入桁架内砸伤设备。

8.3.2 需现场安装的零部件应稳拿稳放，避免滑落损坏部件。

8.3.3 桁架对接时，不得用榔头猛力敲击桁架，以免桁架变形，影响其他部件的工作性能。

8.3.4 安装玻璃护壁板时，应特别小心谨慎，不得用硬物刮碰玻璃，以免损坏玻璃。

8.3.5 电梯安装完毕未投入使用前，应在电梯出入口附近设置围挡，并在扶梯或人行道上方用防水彩条布遮盖，避免土建施工产生的灰尘或污物掉进扶梯或人行道区域。

8.4 设备试运转

试运行前应先检查电机接线是否正确、电气安全装置及控制回路的绝缘电阻值是否符合要求，确认符合要求后才能通电试运行，避免因接线错误而烧坏电气设备。

9 安全与环保

9.1 安　全

9.1.1 一般规定：

9.1.1.1 工作前不喝酒，工作中不闲谈，不打闹，工作服穿着整齐，不穿长大衣，不穿拖鞋、硬底鞋、带钉鞋、高跟鞋干活，女同志如留有辫子，应用防护帽罩好。

9.1.1.2 进入施工现场必须戴好安全帽，高空作业必须系好安全带。

9.1.1.3 在施工现场严禁吸烟。

9.1.1.4 不带电作业，接近带电体时要有防护措施并要有人监视。

9.1.1.5 进入施工现场操作时，精神要集中，上下脚手架时要防止滑跌。

9.1.1.6 在施工时应随身携带工具袋，暂不用的工具部件放入袋内。

9.1.1.7 扶梯口必须设置防护栏杆，具备安全施工的要求。

9.1.1.8 施工前应检查施工机具是否符合安全要求。

9.1.2 电动工具

9.1.2.1 手持电动工具电源必须加装漏电开关，所用导线必须是胶皮软线，其芯数应同时满足工作及保护接零的需要。

9.1.2.2 扶梯施工处的照明及手持灯的电压必需是36V以下，变压器应用双圈的一、二次侧应有熔断保护，照明灯泡必须远离易燃物。

9.1.2.3 所有电器用具必须按照下列要求做好接零保护。

(1) 保护零线必须单独直接与零干线相连。

(2) 工作零线与保护零线必须严格分开，不可借用。

9.1.2.4 各种电器禁止以线头直接插入插座内使用。

9.1.2.5 行灯变压器及电焊机一次线必需使用电缆或用塑料管保护，一次端子必须用绝缘物包好。

9.1.3 设备搬运存储：

9.1.3.1 拆设备箱时，箱皮要及时清理，防止钉子扎脚。

9.1.3.2 设备及材料应分类堆放，易燃易碎物品，必须严格单独保管（用后残油要妥善处理）。

9.1.3.3 机头机尾等重型设备，应根据建筑要求放于承重梁上或分散垫板堆放。

9.1.3.4 长形部件及材料禁止立放，防止倾倒。

9.1.3.5 在运输扶梯时要互相配合，统一号令，在加杠管时应注意人身安全，防止手指压入杠管内。

9.1.4 搭设脚手架：

9.1.4.1 设置脚手架，须上、下方便，使用前施工员应对架子进行检查验收，是否牢固可靠，脚手板铺设严密，无探头板，并绑扎牢固。底坑架子的载重量一定要符合要求，并且牢固可靠。

9.1.4.2 架子工拆卸架子时，注意不要砸坏已装好的设备。

9.1.5 设备吊装：

9.1.5.1 桁架组对前必须将现场清理干净，吊点位置正确可靠。

9.1.5.2 吊装用卷扬机、导链葫芦等，在使用前应先检查其工作性能，确保能正常工作，可靠制动。

9.1.5.3 吊装用钢丝绳、吊索，应预先检查有无断股、断丝及死弯现象，确认无问题时方可使用。

9.1.5.4 在吊装前，应检查各吊点是否能够满足所吊设备重量的要求，而且要进行试吊装，确保吊装安全可靠，避免损坏设备或伤人等安全事故。

9.1.5.5 吊装设备时，要做到密切配合，统一行动，信号正确，防止误操作。

9.1.5.6 在扶梯安装过程中，提升、下降要平稳，不准任何人在吊装场地逗留，也不能随设备上下。

9.1.5.7 吊装索具要捆绑牢固，做到万无一失。吊装过程要保护好设备，严禁碰伤、刮伤设备。

9.1.5.8 吊装时要统一指挥，特别是多台起重设备共同作业时，更要注意步调一致，避免设备受力不均导致的事故。

9.1.5.9 吊点的选择要符合产品说明书的要求，不得因吊装引起设备变形或损伤设备外观质量。

9.1.6 其他要求：

9.1.6.1 在梯节链安装时，必需将梯节链上头固定住，或用大绳及吊链挂好，再做连接，不可麻痹大意，以防下滑伤人。

9.1.6.2 装梯节时应手动盘车进行或用扶梯检修操作检修盒进行点动，不能用正式开车钮。盘车或点动时应确认作业区域没有作业人员，以免发生意外人身事故。

9.1.6.3 安装玻璃前，首先应将梯节装好，以便安装时方便，防止玻璃损坏。玻璃固定严禁使用金属榔头进行敲打，可用木方或木榔头轻轻敲打。

9.1.6.4 在玻璃搬运时，应轻拿轻放，最好采用胶垫吸盘，防止搬运中碰伤和损坏。

9.1.6.5 所有开口及坑口必须在限定区域设有防护措施。

9.1.7 电气焊作业：

9.1.7.1 电气焊工作现场要备好灭火器材，有具体的防火措施，要设看火人，下班时要检查施工现场，确认无隐患，方可离去。

9.1.7.2 用气焊切割部件时，操作场地要铺设铁板，防止割下的焊渣破坏已装修好的地面。

9.1.7.3 乙炔瓶与氧气瓶离易燃明火的距离不得小于10m，冬期施工时要预防乙炔瓶受冻，受冻时严禁用火烤解冻。

9.1.7.4 乙炔瓶只许立用，不得垫在绝缘物上，不得敲击、碰撞，不应放置在地下室等不通风场所，严禁银汞等物品与乙炔接触。

9.1.8 整机调试：

9.1.8.1 调整试车必须按"工艺标准"的要求做好准备工作，于上，下机头处设置试车标志，试车工作不得少于二人，试车中不得带乘客。

9.1.8.2 试车之前要对各部分电气作动作试验和绝缘摇测，抱闸可靠无误。

9.1.8.3 在点动试车的过程对各种安全开关进行测试，确认动作可靠无误。

9.1.8.4 在调试过程中上、下要呼应一致，并注意机头的盖板处防止突然起动，站立不稳而造成人身事故。

9.1.8.5 调整试车时，梯级上严禁站人；调试时，必须确认作业人员离开梯级区域后才能试车。

9.2 环境保护

9.2.1 遵守施工现场的环境保护规定。

9.2.2 设备卸车时应在当地区域当时的规定时间内进行，

以防扰民。

9.2.3 施工过程产生的废料不得随意放置，有回收价值的下班时要收回库房，工程完工后统一处理，没有回收价值的也要按现场规定存放在指定的区域。

9.2.4 施工期间的生活垃圾不得随意抛洒，必须按现场规定倒在指定区域。

9.2.5 施工未用完的油漆油料等残渣要妥善保管，不得乱仍乱放，污染环境。

附　　表

开箱点件记录　　　　　　　　附表一

序号	品名规格	箱号	料号	单位	应发数量	缺少	破损	其他	备注
1									
2									
3									
4									
5									
6									
7									
8									
9									
10									
11									
12									

建设单位负责人：_____电梯厂家负责人：_____施工单位负责人：_____

土建交接检验记录表　　　　附表二

工程名称			
安装地点			
安装合同号		梯　号	
施工单位		项目负责人	
安装单位		项目负责人	
建设(监理)单位		项目负责人/监理工程师	
执行标准名称及编号			

检验项目		检验结果	
		合　格	不合格
主控项目			
一般项目			
验收项目			
参加验收单位	施工单位	安装单位	建设(监理)单位
	项目负责人： 年　月　日	项目负责人： 年　月　日	项目负责人： (监理工程师) 年　月　日

设计(技术)变更洽商记录表 附表三

工地名称		建设单位	
变更部位		变更原因	

变更内容：

(视情况附变更设计文件)

建设单位项目负责人 (签字)	设计单位项目负责人 (签字)：	监理单位项目负责人 (签字)：	施工单位 项目经理(签字)
年 月 日	年 月 日	年 月 日	年 月 日

经济洽商记录表   附表四

工地名称		建设单位	
洽商项目			

洽商内容：

(附变洽商预算资料)

建设单位项目负责人：（签字）年 月 日	设计单位项目负责人：（签字）：年 月 日	监理单位项目负责人：（签字）：年 月 日	施工单位项目经理(签字)年 月 日

现场勘测质量记录表　　　　　附表五

序号	项目	标准及规范要求	结果	备注
1	搁机牛腿间距	符合土建布置图要求		
2	机坑深度	符合土建布置图要求		
3	机坑长度	符合土建布置图要求		
4	楼层高度	符合土建布置图要求		
5	开口宽度 W1	符合土建布置图要求		
6	扶手间距 W2	与产品相符		
7	梯级宽度 W3	与产品相符		
8	机坑宽度 W4	符合土建布置图要求		
9	搁机牛腿	已浇注 7 天以上,强度符合要求		
10	坑口防护	所有坑口均有安全防护栏杆,且高度不低于 1.2m		

检测人	项目经理	班组长	自检人	互检人
签字				
日期				

水平运输及吊装质量记录表　　　　　附表六

序号	项目及相应的标准、规范要求	结果	备注
1	水平运输的锚固点应选择在承重梁(墙)上		
2	吊装用吊索及钢丝绳无断股、断丝、死弯现象		
3	吊装用链条葫芦及卷扬机工作可靠、制动性能良好		
4	桁架接头处连接平整、笔直、牢固		
5	桁架接头处应使用厂家配发的连接件		
6	桁架接头处的弹簧销按要求打入		
7	门形吊装架牢固可靠,能满足吊装要求		
8	水泥搁机梁与桁架间距不大于50mm		
9	水平调节垫片应少于5片		
10	并列两台扶梯或自动人行道中心线距离偏差小于1mm		
11	并列两台扶梯或自动人行道边缘保护凸板应在一条直线上,不齐度小于2mm		
12	机头水平度不超过0.5‰		
13			
14			
15			

	检测人	项目经理	班组长	自检人	互检人
签　字					
日　期					

梯级与梳齿板安装质量记录表　　　　　附表七

序号	项目及相应的标准、规范要求	结果	备注
1	梯级踏板表面槽深≥10mm,槽宽 5～7mm,齿顶宽 2.5～5mm		
2	胶带表面槽深≥5mm,槽宽 4.5～7mm,齿顶宽 4.5～8mm		
3	梯级踏板或胶带的齿槽与运行方向一致		
4	梯级踏板或胶带上空垂直净高≥2.3m		
5	梳齿板与梯级踏板齿槽啮合深度≤6mm		
6	梳齿板与胶带齿槽的啮合深度≤4mm		
7	梳齿板倾角符合要求,且倾角≤40°		
8	水平区段内,相邻梯级梯级高度误差≤4mm		
9	扶梯出入口处梯级水平导向距离≥0.8m		
10	倾角<6°的自动人行道,其导向距离≥0.4m,且倾角<6°		
11	相邻梯级或踏板之间的间隙≤6mm		
12	梯级、踏板或胶带两侧的任何一侧间隙≤4mm,其两侧的间隙之和不应大于 7mm		
13	梳齿板齿顶与梯级或胶带槽根间隙不应超过 4mm		
14			
15			

检测人	项目经理	班组长	自检人	互检人
签　字				
日　期				

电气及安全装置安装质量记录表　　　　　附表八

序号	项目	相应的标准、规范要求	结果	备注
1	断链保护装置	链条伸长、缩短或断裂时,开关工作正常,性能可靠		
2	扶手带安全保护装置	扶手带在转向端最底点与地板之间的距离不应小于0.1m		
		当手或障碍物进入扶手带入口处时,开关能可靠动作,切断电源,停止运行		
3	停止开关	动作灵活可靠,切断主电源使停止运行		
		停止开关按下后,须用钥匙启动运行		
4	速度监控器	整定值与产品应一致		
5	梯级下沉装置	梯级下沉距离3～5mm时,开关应能可靠动作,切断电源,停止运行		
6	梳齿异物保护装置	梳齿异物保护开关的啮合距离为2～3.5mm		
		异物卡阻梳齿时,开关能可靠动作,断开电源,停止运行		
7	裙板保护装置	当物体夹在梯级(胶带)与裙板之间时,应能断开安全开关,切断电源,停止运行		
8				
9				
10				
11				
12				
13				

检测人	项目经理	班组长	自检人	互检人
签 字				
日 期				

扶手护壁板及扶手带安装质量记录表　　附表九

序号	项目及相应的标准、规范要求	结果	备注
1	玻璃护壁板厚度不应小于6mm		
2	玻璃护壁板间隙应一致,且间隙约为2mm		
3	玻璃接合处应放置2个U形橡胶衬垫		
4	扶手护壁型材连接位置准确,接头处连接平滑、牢固		
5	扶手回转链不扭曲,滚轮转动灵活		
6	扶手导滚位置正确,距离桁架中心线间距相等,成直线排列		
7	扶手带张紧装置调整合适,扶手带转动灵活,保护开关不误动作		
8	在上层站用25～30kgf的力拉住扶手带,扶手带应能停止转动		
9	裙板安装牢固、平整、美观,接缝平整无毛刺		
10			
11			
12			
13			

检测人	项目经理	班组长	自检人	互检人
签　字				
日　期				

电气安装与调整与试运行试验质量记录表　　　附表十

序号	项目及相应的标准、规范要求				结果	备注
1	继电器、接触器接线端子紧固,无松动现象					
2	工作线路上的熔断器或保险丝应与相应电压等级一致					
3	机房及扶梯内接线均按要求用线管或蛇皮管加以保护					
4	动力和电气安全装置电路的绝缘电阻≤500kΩ,其他电路(如控制、照明、信号)的绝缘电阻≤250kΩ					
5	各安全触点开关调整到位,工作正常					
6	电气照明、插座应与扶梯或自动人行道的主电路、控制电路的电源分开敷设					
7	所有接触器、继电器、电机等部件已清理,无灰尘					
8	扶手入口处的橡胶保护套的两边宽度应大致相等,不能摩擦扶手带					
9	梳齿板受到100kgf的水平力或60kgf的垂直力时,梳齿板安全保护开关应能动作					
10	梯级滑动导靴不应摩擦围裙板					
11	零线与接地保护线始终分开					
12	乘梯警示标示牌齐全,字迹清楚					
13	扶梯或人行道运行平稳,舒适感良好					
14	扶梯制停距离	速度	0.50m/s	0.65m/s	0.75m/s	
		数值	0.20~1.00m	0.30~1.30m	0.35~1.50m	
15	人行道制停距离	速度	0.50m/s	0.65m/s	0.75m/s	0.90m/s
		数值	0.20~1.0m	0.30~1.3m	0.35~1.50m	0.4~1.7m

检测人	项目经理	班组长	自检人	互检人
签　字				
日　期				

建筑工程施工工艺标准

- 地基与基础工程施工工艺标准
- 混凝土结构工程施工工艺标准
- 钢结构工程施工工艺标准
- 建筑砌体工程施工工艺标准
- 建筑地面工程施工工艺标准
- 建筑防水工程施工工艺标准
- 屋面工程施工工艺标准
- 建筑装饰装修工程施工工艺标准
- 给排水与采暖工程施工工艺标准
- 建筑电气工程施工工艺标准
- 通风空调工程施工工艺标准
- 电梯工程施工工艺标准

责任编辑／刘　江
封面设计／傅金红

ISBN 7-112-05881-3

(11520)定价：14.00 元